U0321404

该书出版受到以下单位资助：
重庆市科学技术委员会
重庆市园博园
西南大学园艺园林学院
重庆市花卉工程技术研究中心

重庆园博园

观赏植物
彩色图鉴

李先源 李志能◎主编

西南师范大学出版社
国家一级出版社 全国百佳图书出版单位

图书在版编目（CIP）数据

重庆园博园观赏植物彩色图鉴 / 李先源 , 李志能主编 . — 重庆：西南师范大学出版社 , 2017.10
ISBN 978-7-5621-9010-3

Ⅰ . ①重… Ⅱ . ①李… ②李… Ⅲ . ①观赏植物 – 图谱 Ⅳ . ① S68-64

中国版本图书馆 CIP 数据核字（2017）第 246235 号

CHONGQING YUANBOYUAN GUANSHANG ZHIWU CAISE TUJIAN

重庆园博园观赏植物彩色图鉴

李先源　李志能　主编

责任编辑：杜珍辉
书籍设计：闻江文化
排版制作：重庆大雅数码印刷有限公司·鞠现红
出版发行：西南师范大学出版社
　　　　　地址：重庆市北碚区天生路 1 号
　　　　　邮编：400715
　　　　　市场营销部电话：023-68868624
印　　刷：重庆康豪彩印有限公司
开　　本：787mm×1092mm　1/16
印　　张：14.5
字　　数：200 千字
版　　次：2018 年 1 月　第 1 版
印　　次：2018 年 1 月　第 1 次印刷
书　　号：ISBN 978-7-5621-9010-3

定　　价：128.00 元

编委会
BIAN WEI HUI

前 言
QIANYAN

中国国际园林博览会，简称园博会，创办于1997年，是由国家住房和城乡建设部和地方政府共同举办的园林绿化界高层次的盛会，是我国园林绿化行业层次最高、规模最大的国际性盛会。2011年，第八届中国国际园林博览会在重庆举办，建成了集自然景观和人文景观于一体的超大型生态公园——重庆园博园。

重庆园博园位于重庆市北部新区，占地面积约3300亩，分为入口区、展园区、景园区及生态区四大功能区。其中，展园区分为11个展区（国际园林展区、现代园林展区、北方园林展区、西部园林展区、岭南园林展区、闽台园林展区、江南园林展区、港澳园林展区等），景园区分为13个景区（候鸟湿地景区、巴渝园景区、卧龙石景区、双亭瀑布景区、云顶揽胜景区、龙景书院景区、青山茅庐景区等）。

为全面了解重庆园博园园林植物资源的现状，并为植物的养护管理及引种提供基础资料，2012年，西南大学与重庆市园博园管理处合作完成了"重庆园博园园林植物资源调查"项目，编写了《重庆园博园园林植物名录》和《重庆园博园观赏植物彩色图鉴》，共收录园林植物128科359属660种（含种下等级）。鉴于当时的调查结果正处于植物栽植的初期阶段，许多植物特别是部分热带和温带植物尚未稳定，因此，图鉴并未正式出版。

2016年，《重庆园博园观赏植物彩色图鉴》的出版得到重庆市科委科技计划（科普类）项目以及重庆市园博园管理处的资助，我们再次进行了园林植物的核实、补充调查，在图鉴编写过程中，删去了原图鉴中的一、二年生花卉，部分不能适应重庆气候已不存在的植物，如小叶蓝丁香、华丁香、金露梅、椰子、散尾葵、清明花、土沉香等，以及目前仍然存在，但长势极差或种群数量极少的植物，如海芒果、糖胶树、白桦、柽柳等。此外，还有几个物种，因鉴别特征不全，暂未收录本图鉴。图鉴共记载园林植物108科285属525种（包括种下等级及品种），其中，蕨类植物3科3属3种，裸子植物9科17属32种，被子植物96科265属490种。每种植物在园博园中的分布信息分为三类：一是常见栽培，是指在多数展园区及景园区均有栽培、数量较多的植物种类；二是零星栽培，是指在部分展园区及景园区有栽培、数量较少的植物种类；三是仅在个别或几个园区栽培的植物种类，则具体到对应的展园区或景园区。

图鉴的出版得到了重庆市科委、重庆市园博园管理处的大力支持，西南师范大学出版社的的杜珍辉编辑对图鉴提出了许多宝贵意见，园博园管理处的刘祥彬、王茂勇参与了植物调查工作。在此一并表示衷心感谢。

本书中的不妥之处，敬请各位同行和读者不吝指正。

编者

2017 年 8 月

重庆园博园观赏植物彩色图鉴

一 蕨类植物
Pteridophyta

1. 卷柏科（Selaginellaceae）

小翠云 *Selaginella kraussiana* A. Braun

多年生草本；植株匍匐，无横走地下茎；根托自茎枝分叉处上面生出。主茎具3条维管束。营养叶二型，边缘具细齿，无白边；孢子叶穗单生枝端或侧生；孢子叶同型，边缘具细齿，大孢子叶1枚，位于孢子叶穗基部下侧。

原产非洲。温州园有栽培。

2. 凤尾蕨科（Pteridaceae）

蜈蚣草 *Pteris vittata* L.

多年生草本。叶一回奇数羽状；侧生羽片30～40对，羽片线形，无柄，向下逐渐缩短，基部浅心形，不育羽片叶缘有细锯齿，侧脉单一或分叉。叶无毛，叶轴疏被鳞片。成熟植株除下部缩短羽片不育外，几乎全部羽片能育。

广布于中国热带和亚热带地区，旧大陆其他热带及亚热带地区广布。园博园野生或栽培。

3. 肾蕨科（Nephrolepidaceae）

肾蕨 *Nephrolepis cordifolia* (L.) C. Presl

多年生草本；土生或附生，具块茎。叶簇生，羽片 45～120 对，密集覆瓦状排列；中部羽片长 1.5～2.5 cm，宽 6～12 mm，边缘疏生锯齿，先端钝圆或有时急尖，基部不对称，上侧基部具三角状耳突。

产中国华东、华南、华中及西南地区，广布于世界热带及亚热带地区。园博园常见栽培。

二 裸子植物
Gymnospermae

1. 苏铁科（Cycadaceae）

苏铁 *Cycas revoluta* Thunb.

常绿木本；茎顶被绒毛。叶一回羽裂，羽片宽4~7mm，边缘强烈反卷，背面具柔毛。雌雄异株，小孢子叶球圆柱形，大孢子叶、胚珠密被灰黄色绒毛，种子2~5，橘红色。

产福建，日本、马来西亚有分布。园博园常见栽培。

2. 泽米铁科（Zamiaceae）

鳞秕泽米铁 *Zamia furfuracea* Ait.

灌木状；茎极短。叶一回羽裂，羽片约20对，长8~20cm，宽3~5cm，背面密被鳞秕，边缘具细齿，基部具关节，叶脉二叉分枝，无中脉。雌雄异株，雌、雄球花均圆柱形。大孢子叶盾状，具2胚珠。

原产墨西哥。广州园有栽培。

3. 银杏科（Ginkgoaceae）

银杏 *Ginkgo biloba* L.

落叶乔木，具长枝和短枝。叶扇形，具叉状脉序。雌雄异株，雄球花柔荑状，每雄蕊具2花药。雌球花具长梗，顶端有2环形珠领，各具1直生胚珠。种子核果状，成熟时黄色，外被白粉。

产浙江天目山。园博园常见栽培。

4. 南洋杉科（Araucariaceae）

异叶南洋杉 *Araucaria heterophylla* (Salisb.) Franco

常绿乔木；树皮薄片状脱落；侧生小枝排成羽状。幼树及侧枝之叶锥形，常两侧扁；大树及花枝之叶宽卵形或三角状卵形。苞鳞先端三角形，向上弯曲；种子两侧具宽翅。

原产大洋洲诺和克岛。厦门园、上海园、乌鲁木齐园有栽培。

5. 松科（Pinaceae）

雪松 *Cedrus deodara* (Roxb.) G. Don

常绿乔木；具长枝与短枝。叶针形，3 棱，叶长 2.5 ~ 5 cm，横切面三角形。雌雄同株，雌、雄球花均单生于短枝顶端；球果直立，苞鳞小，不露出，成熟时种鳞自中轴脱落。

产西藏，分布于喜马拉雅山西部。园博园常见栽培。

白扦 *Picea meyeri* Rehd. et Wils.

常绿乔木。一年生枝密被或疏被短毛，基部宿存芽鳞反卷。叶四棱状条形，长 1.3 ~ 3 cm，先端锐尖或钝，四面有粉白色气孔线。球果中部种鳞露出部分有纵纹。

产山西、陕西、河北、内蒙古及甘肃。北京园有栽培。

华山松 *Pinus armandii* Franch.

常绿乔木。一年生小枝无毛。针叶 5 针 1 束，树脂道 3 个，中生，或背面 2 个中生，腹面 1 个边生。球果种鳞宿存，鳞盾先端不反卷，鳞脐不明显。种子无翅。

分布于中国西北与西南地区。缅甸北部有分布。北京园有栽培。

白皮松 *Pinus bungeana* Zucc. ex Endl.

常绿乔木。老树树皮具粉白色斑块。叶3针1束，树脂道6~7个，边生，稀背面1~2个中生。球果鳞盾多为菱形，鳞脐生鳞盾中央，先端有向下反曲的刺状尖头。种子顶端具翅。

产河北、山西、甘肃、河南、湖北及四川等地区。北京园有栽培。

湿地松 *Pinus elliottii* Engelm.

常绿乔木。鳞叶宿存数年不落，边缘有睫毛。针叶2针与3针1束并存，长18~25 cm，边缘有锯齿；树脂道2~9个，多内生。球果种鳞鳞盾近斜方形，有锐横脊，鳞脐瘤状。

原产美国东南部。绍兴园、候鸟湿地景区有栽培。

日本五针松 *Pinus parviflora* Sieb. et Zucc.

常绿小乔木。一年生枝密被淡黄色柔毛。针叶5针1束，长3.5~5.5 cm，叶鞘早落。球果小，种子具宽翅。

原产日本。江南园林景区、现代园林景区、国际园林景区有栽培。

油松 *Pinus tabuliformis* Carr.

常绿乔木。冬芽褐色或绿褐色；叶2针1束，长10～15 cm，粗硬，树脂道5～10个，边生。球果鳞脐突起，具尖刺。

特产中国华北及西北地区。北京园有栽培。

黑松 *Pinus thunbergii* Parl.

常绿乔木。冬芽银白色。叶2针1束，长6～12 cm，粗硬，树脂道6～11个，中生。球果鳞脐微凹，具短刺。

原产日本及朝鲜。江南园林景区、郑州园、石家庄园、靖江园、双亭瀑布景区有栽培。

6. 杉科（**Taxodiaceae**）

柳杉 *Cryptomeria japonica* var. *sinensis* Miq.

常绿乔木。叶螺旋状排列，锥形，先端内弯。雄球花单生于小枝上部叶腋，雌球花单生于枝顶。球果种鳞木质、盾形，苞鳞的尖头和种鳞先端的裂齿长2～4 mm，发育种鳞具2种子，种子扁平，边缘有窄翅。

产浙江、安徽、福建及江西。企业展园有栽培。

杉木 *Cunninghamia lanceolata* (Lamb.) Hook.

常绿乔木。叶螺旋状着生，基部扭转排成不规则2列，披针形或条状披针形，边缘具细齿，背面中脉两侧各有1条白粉气孔带。雄球花圆锥状，簇生枝顶；雌球花单生或2～3个集生，苞鳞边缘具细齿。种鳞小，种子3，扁平，两侧具窄翅。

产长江以南地区，北达陕西、河南。园博园山体有栽培。

水杉 *Metasequoia glyptostroboides* Hu et Cheng

落叶乔木。侧生小枝对生，排成羽状。叶、雄球花、雄蕊、珠鳞与种鳞均交互对生。叶线形，在侧枝上排成羽状。雄球花排成圆锥花序，雄蕊花药3。雌球花单生顶端，每珠鳞5～9胚珠。种鳞木质，盾形，种子扁平，周围有窄翅。

产重庆石柱、湖北利川、湖南龙山及桑植。园博园常见栽培。

墨西哥落雨杉 *Taxodium mucronatum* Tenore

落叶乔木。侧生短枝螺旋状排列。叶线形，在小枝上排列成较紧密的羽状 2 列，

中部叶长约 1 cm，向两端逐渐变短。雄球花生于枝顶，近无梗，排成圆锥状；雌球花单生于枝顶，珠鳞旋生，胚珠 2。种鳞木质，盾形。种子不规则三角形，具锐脊。

原产危地马拉、墨西哥、美国中南部。上海园、企业展园有栽培。

池杉 *Taxodium distichum* var. *imbricatum* (Nutt.) Croom

落叶乔木。叶锥形，在枝上近直展，长 4 ~ 10 mm，不排为 2 列。雄球花具短梗，排成圆锥状。球果圆球形或矩圆状球形，有短梗；种鳞木质，盾形；种子不规则三角形，微扁，边缘有锐脊。

原产北美东南部。加拿大魁北克园有栽培。

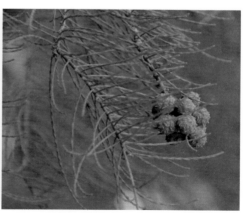

7. 柏科（**Cupressaceae**）

日本花柏 *Chamaecyparis pisifera* (Sieb. et Zucc.) Endl.

常绿乔木。生鳞叶小枝扁平，排成一平面。鳞叶先端锐尖，侧叶较中央叶稍长或等长，鳞叶背面有显著白粉和不明显条状腺点。球果圆球形，种鳞 5～6 对，发育种鳞各具 1～2 种子；种子两侧有宽于种子的翅。

原产日本。原种园博园无栽培，上海园有二栽培品种。

蓝柏

矮绒柏

蓝柏'Boulevard'，常绿灌木，树冠近球形；小枝密集，先端微下垂。叶全为刺叶，排列紧密，柔软，灰蓝色，上下两面被白粉。

矮绒柏'Squarrosa Minima'，常绿灌木，树冠近球形；小枝密集。叶全为刺叶，排列紧密，柔软，黄绿色，微被白粉。

柏木 *Cupressus funebris* Endl.

常绿乔木。生鳞叶小枝扁平，排成平面，下垂。鳞叶先端锐尖，二型，中央叶背面有条形腺点，两侧叶对折，有棱脊。球果径 8 ~ 12 mm，种鳞 4 对，微被白粉，发育种鳞具 5 ~ 6 种子，种子两侧具窄翅。

自陕西、甘肃向南直至广东、广西有分布。宜宾园、云顶揽胜景区、卧龙石景区山体有栽培。

蓝冰柏 *Cupressus arizonica* var. *glabra* 'Blue Ice'

常绿小乔木。小枝不下垂，末端小枝 4 棱形。鳞叶灰蓝色，被白粉，先端尖，背面具纵脊，中部具明显圆形腺点。球果径 1.5 ~ 3 cm，被白粉，种鳞 3 ~ 4 对。

为绿干柏的园艺品种。上海园有栽培。

二 裸子植物 Gymnospermae

侧柏 *Platycladus orientalis* (L.) Franco

常绿乔木。生鳞叶小枝直展，排成平面。鳞叶二型，背面有腺点。雌雄同株，球花单生于枝顶；雄球花具6对雄蕊；雌球花具4对珠鳞，仅中部2对各具1～2胚珠。球果当年成熟，种鳞木质、扁平，背部近顶端有反曲的尖头，中部种鳞各有1～2种子。种子无翅。

中国除黑龙江、新疆、青海、宁夏及台湾外均产。俄罗斯远东地区、朝鲜、越南有分布。国际园林展区泰国清迈园有栽培。

园博园栽培的还有以下两个品种：

千头柏 'Sieboldii'，丛生灌木，无明显主干，自基部多分枝，树冠圆头形；叶绿色。

青岛园、宜宾园有栽培。

洒金千头柏‘Aurea Nana’，似千头柏，但新叶黄绿色。

上海园有栽培。

圆柏 *Juniperus chinensis* L.

常绿乔木，幼树树冠尖塔形，老树树冠广圆形。叶兼有鳞叶及刺叶，鳞叶背部中央具腺体，刺叶3枚交叉轮生，基部不下延。球果具1~4粒种子。

原种园博园无栽培，栽培的为圆柏的三个品种：

龙柏‘Kaizuca’，常绿乔木，树冠圆柱状塔形，大枝有扭转向上之势。叶几全为鳞叶。

香港园、青岛园、大连园、广安园有栽培。

塔柏'Pyramidalis'，常绿乔木，树冠圆柱状塔形，叶多为刺叶，间有鳞叶。泰国清迈园、法国图卢兹园有栽培。

铺地龙柏'Kaizuca Procumbens'，常绿灌木。匍匐生长，叶为鳞叶，兼有刺叶。上海园有栽培。

铺地柏 *Juniperus procumbens* (Sieb. ex Endl.) Miq.

匍匐灌木。枝条沿地面扩展，枝梢向上伸展；叶全为刺叶，3枚轮生，深绿色，基部不下延；球果被白粉，具2～3种子。

原产日本。上海园、喀什园、青岛园有栽培。

8. 罗汉松科（Podocarpaceae）

罗汉松 *Podocarpus macrophyllus* (Thunb.) Sweet

常绿乔木。叶螺旋状排列，线状披针形，长7～12 cm，宽7～10 mm，先端渐尖，中脉明显。雌雄异株，雄球花腋生，柔荑状；雌球花单生于叶腋处，套被与珠被合生。种子核果状，生于肉质种托上，成熟时假种皮紫黑色，有白粉。

长江流域以南各省有分布或栽培。日本有分布。园博园常见栽培。

19

二 裸子植物 Gymnospermae

9. 红豆杉科（Taxaceae）

矮紫杉 *Taxus cuspidata* Sieb. et Zucc. 'Nana'

常绿灌木。小枝基部具宿存芽鳞，叶线形，彼此重叠排列成不规则的2列，长1～2.5 cm；中脉带明显，其上无角质乳头状突起。

为东北红豆杉的园艺品种。上海园有栽培。

红豆杉 *Taxus wallichiana* var. *chinensis* (Pilger.) Florin

常绿乔木。叶线形，较直，长1.5～2.2 cm，背面中脉上有乳头状突起，中脉带与气孔带同色。

产中国华中、西南地区及甘肃。乌鲁木齐园有栽培。

南方红豆杉 *Taxus wallichiana* var. *mairei* (Lemée et H. Lévl.) L. K. Fu et N. Li

常绿乔木。叶长2～4.5 cm，先端渐尖，边缘不反卷，背面中脉带上无乳头状突起，中脉与气孔带不同色。

产长江流域以南各省区及河南、陕西与甘肃。印度、缅甸、马来西亚、印度尼西亚及菲律宾有分布。贵阳园有栽培。

三 被子植物
Angiospermae

1. 木兰科（Magnoliaceae）

鹅掌楸 *Liriodendron chinense* (Hemsl.) Sarg.

落叶乔木。单叶互生，叶先端平截，近基部两侧各具1裂片，背面被乳突状白粉点。花单生于枝顶，花被片9，黄绿色；雄蕊花丝长5～6 mm，雌蕊群花期伸出花被片。坚果具翅。花期5月，果期9～10月。

产中国华中、西南地区及安徽、浙江、福建、广西。越南有分布。西部园林展区栽培作行道树，青岛园有栽培。

红花木莲 *Manglietia insignis* (Wall.) Bl.

常绿乔木。单叶互生，叶柄长1.8～3.5 cm，托叶痕长5～12 mm。花单生枝顶，花被片9～12，芳香，外轮3片褐色，中内轮乳白带粉红色。聚合蓇葖果。花期5～6月。

产湖南、广西及西南各省。尼泊尔、印度及缅甸有分布。毕节园有栽培。

望春玉兰 *Yulania biondii* (Pamp.) D. L. Fu

落叶乔木。叶狭椭圆形、狭卵形或狭倒卵形；先端急尖或渐尖；托叶痕为叶柄长的 1/5 ~ 1/3。花单生于枝顶，花被片9，外轮3片长约1cm，中、内轮白色，

外面基部常紫红色。聚合蓇葖果因部分心皮不育而常弯曲。花期3月，果期9月。

产陕西、甘肃、河南、湖北、湖南、四川及重庆。内江园、长春园、运动休闲区有栽培。

玉兰 *Yulania denudata* (Desr.) D. L. Fu

落叶乔木。叶倒卵形或倒卵状椭圆形；先端短突尖；托叶痕为叶柄长的 1/4 ~ 1/3。花单生于枝顶，花被片9，近等大，纯白色。聚合蓇葖果。花期2 ~ 3月，果期8 ~ 9月。

产河南、陕西、安徽、浙江、江西、湖北、湖南、广东、贵州及四川。北方园林展区、国际园林展区、江南园林展区有栽培。

紫玉兰（辛夷）*Yulania liliiflora* (Desr.) D. L. Fu

落叶灌木。叶椭圆状倒卵形或倒卵形；先端急尖或渐尖；托叶痕约为叶柄长的1/2。花单生于枝顶，花被片9 ~ 12，外轮3片小，萼片状，早落；内2轮外面紫色，内面白色。聚合蓇葖果。花期3 ~ 4月，果期8 ~ 9月。

产陕西、湖北、四川及重庆。

二乔玉兰 *Yulania* × *soulangeana* (Soul.-Bod.) D. L. Fu

落叶乔木。叶倒卵形，先端短突尖，托叶痕为叶柄长的1/3。花单生于枝顶，花被片6～9，外轮3片较内轮略短，花被片外面上端白色，基部紫色，内面白色。聚合蓇葖果。花期2～3月，果期9～10月。

为玉兰与辛夷的杂交种。园博园常见栽培。

荷花木兰（广玉兰）*Magnolia grandiflora* L.

常绿乔木。小枝、芽、叶柄及叶背面密被锈色绒毛。叶厚革质，叶柄无托叶痕。花单生于枝顶，花被片9～12，白色，芳香。子房及蓇葖被绒毛。花期5～6月，果期9～10月。

原产北美东南部。园博园常见栽培。

白兰 *Michelia × alba* DC.

常绿乔木。叶背面疏生微柔毛，叶柄长1.5~2 cm，中部以下具托叶痕。花单生于叶腋处，花被片10，白色，芳香。花期4~9月。

原产印度尼西亚爪哇岛。园博园常见栽培。

乐昌含笑 *Michelia chapensis* Dandy

常绿乔木。小枝无毛。叶倒卵形、倒卵状长圆形，叶柄无托叶痕。花单生于叶腋处，花被片6，淡黄色。花期3~4月，果期8~9月。

产江西、湖南、广东、广西、云南及贵州。园博园环湖路、国际园林展区、青山茅庐景区、候鸟湿地景区等有栽培。

含笑 *Michelia figo* (Lour.) Spreng.

常绿灌木。芽、幼枝、叶柄、花梗被黄褐色绒毛。托叶痕达叶柄顶端。花单生于叶腋处，淡黄色，边缘有时红或紫色，芳香；花被片6。花期3~5月。

产广东及广西。园博园零星栽培。

阔瓣含笑 *Michelia cavaleriei* var. *platypetala* (Hand.-Mazz.) N. H. Xia

常绿乔木。芽、幼枝、嫩叶及花梗均被红褐色绢毛。叶背面灰白色，被灰白色或杂有红褐色平伏微柔毛，叶柄无托叶痕。花单生于叶腋处，花被片白色，常9，芳香，外轮长5~7 cm；雌蕊群柄长约5 mm，密被褐色短绒毛。花期3~4月，果期8~9月。

产广东、广西、贵州、湖北及湖南。石家庄园有栽培。

深山含笑 *Michelia maudiae* Dunn

常绿乔木；全株无毛。芽、幼枝、叶下面被白粉。叶柄无托叶痕。花白色，芳香，花被片9。花期3~4月，果期8~9月。

产安徽、浙江、福建、江西、湖南、广东、广西及贵州。园博园常见栽培。

峨眉含笑 *Michelia wilsonii* Finet et Gagnep.

常绿乔木。幼枝被平伏短毛。叶倒卵形至倒披针形；叶柄托叶痕长2~4 mm。花被片9~12，黄色。花期3~5月，果期8~9月。

产湖北、重庆、四川、贵州及云南。湿地花溪景区有栽培。

2. 蜡梅科（Calycanthaceae）

蜡梅 *Chimonanthus praecox* (L.) Link

落叶灌木。叶对生，全缘，卵形或卵状披针形，边缘具细齿状硬毛。花单生于叶腋处，芳香，花被片 15～21，黄色至浅黄色，雄蕊 5～7；雌蕊心皮离生，生于坛状花托内；子房上位。聚合瘦果。花期 11 月至翌年 3 月，果期 4～11 月。

产河北、陕西、贵州、四川、广东及华东、华中各省。园博园常见栽培。

3. 樟科（Lauraceae）

阴香 *Cinnamomum burmannii* Bl.

常绿乔木；小枝、叶两面及叶柄无毛；离基三出脉，基生侧脉自叶基 3～8 mm 处生出。花序轴及花梗被微柔毛。果托具 6 齿。

产云南、贵州、江西、福建及华南。海口园有栽培。

樟（香樟）*Cinnamomum camphora* (L.) J. Presl

常绿乔木；小枝无毛。单叶互生，两面无毛，离基三出脉，主脉及侧脉脉腋具腺窝。圆锥花序；花被6，花后脱落；能育雄蕊9，3轮，花药4室，瓣裂；退化雄蕊3；子房上位，1室，1悬垂胚珠。核果，果托浅杯状。

产中国南方及西南各省。越南、朝鲜半岛及日本有分布。园博园常见栽培。

天竺桂 *Cinnamomum japonicum* Sieb.

常绿乔木；小枝、叶两面及叶柄无毛，离基三出脉，基生侧脉自叶基1～1.5 cm处生出。花序轴及花梗无毛。果托浅波状，全缘或具圆齿。

产河南、安徽、浙江、福建、台湾、江西及湖北。园博园常见栽培。

银木 *Cinnamomum septentrionale* Hand.-Mazz.

常绿乔木；小枝被灰白色短绢毛。叶脉羽状，背面脉腋无小窝，叶背被白粉及疏毛。果阔倒卵状，顶端平或微凹。

产甘肃、陕西、重庆及四川。园博园零星栽培。

三 被子植物 Angiospermae

黑壳楠 *Lindera megaphylla* Hemsl.

常绿乔木；小枝无毛。叶倒披针状椭圆形或狭椭圆形，长10～18 cm，无毛。果长圆形或椭圆形，长约1.5 cm，熟时红转黑色，果托碗状。

产秦岭以南地区，南至华南北部，西至西南各省。运动休闲区有栽培。

润楠 *Machilus nanmu* (Oliv.) Hemsl.

常绿乔木；小枝无毛。叶互生，椭圆形或椭圆状倒披针形，上面无毛，下面有贴伏柔毛。圆锥花序生于嫩枝基部，花被片6，宿存；能育雄蕊9，3轮，花药4室，瓣裂，退化雄蕊3；子房上位，无毛。核果扁球形，宿存花被反卷。

产四川及重庆。长沙园有栽培。

细叶楠 *Phoebe hui* Cheng ex Yang

常绿乔木。叶互生，羽状脉。长5～8 cm，背面被平伏柔毛。圆锥花序生于新枝上部，花两性，花被片6，2轮；发育雄蕊9，3轮，花药4室，瓣裂；核果，长1.1～1.4 cm，宿存花被紧贴果实基部。

产陕西、四川、云南。国际园林展区、运动休闲区有栽培。

楠木（桢楠） *Phoebe zhennan* S. Lee et F. N. Wei

常绿乔木，小枝密被黄褐色或灰褐色柔毛。叶互生，羽状脉，长 7 ~ 13 cm，背面密被短柔毛，脉上被长柔毛。圆锥花序长 7.5 ~ 12 cm，花两性，花被片 6，2 轮；发育雄蕊 9，3 轮，花药 4 室，瓣裂。核果长约 1.3 cm，宿存花被紧贴果实基部。

产四川、贵州、湖北、湖南及河南。宜宾园有栽培。

4. 莲科（Nelumbonaceae）

莲 *Nelumbo nucifera* Gaertn.

多年生水生草本。根茎横走，节间多孔。叶圆形，盾状着生，叶柄常具刺。花单生，花被片 22 ~ 30，白、粉、红等色，全部脱落。雄蕊多数，花药外向；心皮 12 ~ 40，离生，埋藏于倒圆锥形海绵质花托内。坚果。

中国南北各地均产或栽培。园博园展园水体常见栽培。

5. 睡莲科（Nymphaeaceae）

白睡莲 *Nymphaea alba* L.

多年生水生草本。叶浮水生，全缘，基部有明显凹缺。花单生，直径 10 ~ 20 cm，萼片4；花瓣20 ~ 25，白色，芳香；雄蕊多数，药隔无附属物；雌蕊心皮合生，子房半下位，柱头辐射状裂片14 ~ 22。浆果。花期6 ~ 8月。

原产印度、俄罗斯及欧洲。园博园展园水体常见栽培。

栽培品种有：红睡莲 'Rubra'，花粉红或玫瑰红色。

白睡莲

红睡莲

非洲睡莲 *Nymphaea capensis* Thunb.

多年生水生草本。叶缘波状或具少数锯齿，上面绿色，幼叶背面紫红色，两面无毛。花瓣12 ~ 24，蓝色、紫色或紫蓝色；雄蕊多数，药隔附属物长4 ~ 5 mm；雌蕊心皮合生，子房半下位，柱头辐射状裂片15 ~ 31。花期7 ~ 11月。

原产非洲。园博园部分展园水体有栽培。

黄睡莲 *Nymphaea mexicana* Zucc.

多年生水生草本。叶全缘，上面具褐色斑纹，下面具黑色小斑点。花瓣 12～30，黄色，径约 10 cm；雄蕊 50～60，药隔附属物极短或无；柱头辐射状裂片 7～10。花期 7～8 月。

原产墨西哥。宁波园、主展馆有栽培。

萍蓬草 *Nuphar pumilum* (Timm) DC.

多年生水生草本。叶基部箭形，具深弯缺，叶柄被毛。花单生，直径 1～4.5 cm；花梗被短柔毛；花瓣长 5～7 mm；花药长 1～6 mm；柱头盘 8～13 裂，裂片超出柱头盘边缘，直径 4～7.5 mm。花期 5～7 月。

产黑龙江、吉林、内蒙古、河北、河南、江苏、安徽、福建、湖北及广西，俄罗斯、日本及欧洲有分布。长沙园、郑州园有栽培。

6. 小檗科（Berberidaceae）

日本小檗 *Berberis thunbergii* DC.

落叶灌木。叶刺单一，偶3分叉。叶倒卵形、匙形或菱状卵形，长1～2 cm；无毛，全缘。花2～5朵组成具总梗的伞形花序，或簇生；花黄色；萼片2轮。浆果无宿存花柱。

原产日本。原种园博园无栽培，上海园有两个栽培品种：

紫叶小檗 'Rose Glow'，叶紫红色。

金叶小檗 'Aurea'，叶金黄色。

紫叶小檗　　　　　金叶小檗

小果十大功劳 *Mahonia bodinieri* Gagnep.

常绿灌木。一回奇数羽状复叶，小叶8～13对，背面黄绿色，每边有3～10枚粗刺齿。花序顶生；花瓣6，黄色，2轮，先端缺裂或微凹，基部腺体不明显。浆果紫黑色，被白粉。

产贵州、四川、湖南、广东、广西、浙江。国际园林展区、枫香秋亭景区等有栽培。

安坪十大功劳 *Mahonia eurybracteata* subsp. *ganpinensis* (Lévl.) Ying et Boufford

常绿灌木。一回奇数羽状复叶，小叶6～9对，宽1.5 cm以下，背面淡黄绿色，每边有3～9枚刺齿。花瓣先端微裂，基部腺体明显。

产贵州、四川、重庆及湖北。园博园常见栽培。

十大功劳 *Mahonia fortunei* (Lindl.) Fedde

常绿灌木。一回奇数羽状复叶，小叶2～5对，狭披针形至狭椭圆形，每侧具5～10枚刺齿，背面淡黄绿色，总状花序4～10个簇生，花梗与苞片等长，花黄色，花瓣先端微裂，基部腺体明显。浆果长圆形，被白粉。

产广西、四川、贵州、湖北、江西、浙江。候鸟湿地景区有栽培。

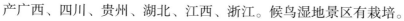

35

三 被子植物 Angiospermae

南天竹 *Nandina domestica* Thunb.

常绿灌木。2～4回奇数羽状复叶，叶轴具关节。圆锥花序顶生或腋生；花两性，萼片多数，螺旋状排列；花瓣6，白色，基部无蜜腺；雄蕊6，花药纵裂。浆果，红色或橙红色。

产中国中部、西南地区及广西，日本有分布。园博园常见栽培。栽培的品种有：火焰南天竹'Fire Power'，低矮灌木，叶夏季亮绿色，冬季深红色。上海园有栽培。

南天竹

南天竹

火焰南天竹

7. 悬铃木科（Platanaceae）

二球悬铃木 *Platanus × acerifolia* (Ait.) Willd.

落叶乔木；树皮光滑，片状、斑块状剥落。叶 3 ~ 5 浅裂，中裂片长宽相等，托叶长约 1.5 cm。雌雄同株；雌、雄花均形成头状花序；雄花雄蕊 3 ~ 8；雌花具 3 ~ 8 离生心皮。果序通常 2 个成串，稀单生或更多。

为三球悬玲木与一球悬铃木的杂交种。园博园常见栽培。

8. 金缕梅科（Hamamelidaceae）

小叶蚊母树 *Distylium buxifolium* (Hance) Merr.

常绿灌木；嫩枝纤细，无毛，节间长 1 ~ 2.5 cm。叶倒披针形或长圆状披针形，全缘，或仅在先端有 1 个小齿突，两面无毛。穗状花序腋生，花杂性，无花瓣，花药 2 室，纵裂；子房上位，2 室，每室 1 胚珠。蒴果。

产四川、贵州、湖北、湖南、广东、广西、福建及浙江。荆门园、江南园有栽培。

三 被子植物 Angiospermae

蚊母树 *Distylium racemosum* Sieb. et Zucc.

常绿灌木；幼枝和叶下面被鳞片。单叶互生，叶片椭圆形，全缘。穗状花序腋生，花杂性，无花瓣，雌花与雄花同序，雌花生于花序顶端。蒴果。

产福建、台湾、广东、广西及湖南。日本及朝鲜有分布。园博园常见栽培。

枫香树 *Liquidambar formosana* Hance

落叶乔木。叶掌状3浅裂，具长柄，托叶线形，早落。花单性，雌雄同株，无花瓣；雄花组成头状或穗状花序，再排成总状；雄花无萼片，花药2室，纵裂；雌花多数组成头状花序，萼齿针状，子房半下位，2室，胚珠多数。蒴果。

广布于黄河流域以南。越南、老挝、朝鲜有分布。温州园、枫香秋亭景区、国际园林展区有栽培。

檵木 *Loropetalum chinense* (R. Br.) Oliv.

落叶或半常绿灌木。叶全缘，背面密生星状毛。头状花序顶端，花两性，花瓣4，带状，浅白绿色；雄蕊周位，花药4室，瓣裂。子房半下位，2室，每室1胚珠。蒴果。

产长江中下游各省。日本及印度有分布。长沙园有栽培。

栽培的变种有：红花檵木 *Loropetalum chinense* var. *rubrum* Yieh，叶及花瓣均紫红色。园博园常见栽培。

红花荷 *Rhodoleia championii* Hook.f.

常绿乔木。叶卵形，全缘，三出脉，背面灰白色，无毛；侧脉7～9对。头状花序常弯垂；花序柄长2～3 cm，总苞片被褐色短柔毛。花瓣匙形，红色；子房半下位，2室，每室胚珠12～18。蒴果4瓣裂。花期2～4月。

产贵州、广东及海南，越南、缅甸、印度尼西亚及马来西亚有分布。龙景书院大门入口有栽培。

9. 榆科（Ulmaceae）

朴树 *Celtis sinensis* Pers.

落叶乔木。叶互生，3出脉，中部以下全缘，基部近对称或稍偏斜，叶柄长 3 ~ 10 mm。花杂性同株，雄花簇生；雌花 1 ~ 6 朵腋生，有长梗。果常单生于叶腋处，果柄与叶柄等长或果柄稍短。核果径 5 ~ 7 mm。

产河南以南至华南地区，东至台湾，西至四川、云南。园博园常见栽培。

银毛叶山黄麻 *Trema nitida* C. J. Chen

落叶乔木；小枝被贴生柔毛。叶披针形至狭披针形，边缘具细锯齿，背面贴生银灰色有光泽的绢状毛；基部三出脉，侧生的一对伸达叶中部边缘。花单性异株或同株；花被片 5。核果，具宿存花被。

产云南、四川、贵州及广西。巴渝园有栽培。

榔榆 *Ulmus parvifolia* Jacq.

落叶乔木；树皮斑块状剥落；一年生枝密被短柔毛。叶披针状卵形或窄椭圆形，边缘有锯齿，叶脉羽状。花两性，3 ~ 6 簇生叶腋，秋季开放；翅果椭圆形或卵状椭圆形，除缺口处被毛外，余无毛，果柄长 1 ~ 3 mm。花果期 8 ~ 10 月。

产中国华南、东南、华中、华北及华东地区。日本、朝鲜有分布。候鸟湿地景区、北方园林展区有栽培。

榆树 *Ulmus pumila* L.

落叶乔木；树皮纵裂。叶椭圆状卵形至椭圆状披针形，基部对称或稍偏斜，边缘有锯齿，叶脉羽状。花两性，先叶开放，簇生于去年生枝叶腋处。翅果近圆形，除顶端缺口柱头面被毛外，余无毛，果柄长1～2mm。花果期3～6月。

产中国东北、华北、西北及西南地区，朝鲜、俄罗斯、蒙古有分布。园博园常见栽培。

园博园栽培的还有2个品种：

垂枝榆'Tenue'，树冠伞形，小枝下垂，叶绿色。国际园林展区、候鸟湿地景区、北方园林展区有栽培。

金叶榆'Jinye'，叶金黄色。上海园、温州园有栽培。

垂枝榆

榆树

金叶榆

金叶榆

大叶榉 *Zelkova schneideriana* Hand.-Mazz.

落叶乔木；小枝密生柔毛，冬芽常2个并生于叶腋处。叶下面密生柔毛，基部圆或宽楔形，稀浅心形，侧脉8～15对。果无梗，径2.5～4mm，先端偏斜，凹陷。

产中国华东、华中、东南及西南地区。国际园林展区、青山茅庐景区有栽培。

10. 桑科（Moraceae）

构树 *Broussonetia papyrifera* (L.) L´Hér. ex Vent.

落叶乔木；具乳汁。叶阔卵形或长椭圆状卵形，不裂或幼树叶 3 ~ 5 裂，两面密被绒毛。雌雄异株；雄花序柔荑状；雌花序头状，花被管状。聚花果球形，熟时红色。

中国南北均有分布。南亚、东南亚、东北亚等有分布。园博园野生或栽培。

柘 *Maclura tricuspidata* Carr.

落叶灌木或小乔木；具乳汁。小枝有棘刺。叶卵形或菱状卵形，偶 3 裂，长 5 ~ 14 cm。雌雄异株，雌雄花序均为头状花序；花被 4，内面有 2 黄色腺体。聚花果近球形，直径约 2.5 cm，熟时橘红色。花期 5 ~ 6 月，果期 6 ~ 7 月。

产中国华北、华东、中南、西南各省区。朝鲜有分布。园博园山体野生。

高山榕 *Ficus altissima* Bl.

常绿乔木；具乳汁。叶革质，阔椭圆形，长 10 ~ 19 cm，两面无毛，侧脉 5 ~ 7 对。榕果成对腋生，椭圆状卵圆形，径 17 ~ 28 mm，成熟时红色或橘黄色。

产广东、海南、广西及云南。南亚及东南亚有分布。海口园有栽培。

柳叶榕 *Ficus binnendijkii* Miq.

常绿灌木或小乔木。叶下垂，线状披针形，长 11 ~ 15 cm，先端尾尖，具边脉，叶柄长 8 ~ 17 mm。

原产东南亚热带雨林。广州园有栽培。

无花果 *Ficus carica* L.

落叶灌木或小乔木。叶纸质，广圆形，3 ~ 5 掌裂，基出脉 3 ~ 5。榕果梨形，熟时果径 2 cm 以上。

原产地中海及西南亚地区。园博园零星栽培。

印度榕 *Ficus elastica* Roxb. ex Hornem.

常绿乔木，全体无毛。叶厚革质，光亮，长椭圆形，长 8 ~ 30 cm，侧脉多而细，具边脉。榕果成对腋生，总苞片风帽状。

产云南。南亚及东南亚有分布。加拿大滑铁卢园有栽培。

栽培品种有：黑叶印度榕 'Decora Burgundy'，叶紫黑色或褐红色。广州园有栽培。

斑叶印度榕 'Variegata'，叶面有黄或黄白色斑。风雨廊桥至企业展园途中有栽培。

黑叶印度榕

斑叶印度榕

三 被子植物 Angiospermae

对叶榕 *Ficus hispida* L. f.

落叶灌木或小乔木。单叶对生，叶片卵状长椭圆形或倒卵状矩圆形，长 10 ~ 25 cm，全缘或有钝齿，两面被粗糙毛，侧脉 6 ~ 9 对；叶柄长 1 ~ 4 cm。榕果腋生或生于落叶枝上，或老茎发出的下垂枝上，陀螺形，成熟黄色，直径 1.5 ~ 2.5 cm。

产中国华南地区及贵州、云南。东亚、东南亚及澳大利亚有分布。园博园海口园有栽培。

榕树 *Ficus microcarpa* L. f.

常绿乔木，常有锈褐色气生根。叶狭椭圆形，长 4 ~ 8 cm，全缘，基生叶脉延长，侧脉 3 ~ 10 对；叶柄长 5 ~ 10 mm。榕果成对腋生，无总梗，基生苞片 3，成熟时黄或微红色，直径 6 ~ 8 mm。

产中国华南、东南及西南地区。南亚、东南亚、东亚及大洋洲有分布。园博园常见栽培。

园博园栽培的品种还有：

金叶榕 'Golden Leaves'，叶常年金黄色。广州园有栽培。

厚叶榕 'Crassifolia'，茎直立，叶先端钝或圆。海口园有栽培。

傅园榕 'Fuyuensis'，蔓性灌木，叶先端钝或圆。广州园有栽培。

金叶榕

厚叶榕

傅园榕

菩提树 *Ficus religiosa* L.

常绿乔木，全体无毛。叶革质，三角状卵形，长9～17 cm，先端尾尖，侧脉5～7对；叶柄长7～12 cm，具关节。榕果直径1～1.5 cm，无总梗。

原产印度。上海园有栽培。

黄葛树 *Ficus virens* Aiton

落叶乔木。叶卵状披针形至椭圆状卵形，长10～15 cm，侧脉7～10对，叶柄长2～5 cm。榕果单生、成对腋生或簇生，径5～8 mm，有或无总梗。

分布于中国华南及西南地区。园博园常见栽培。

三 被子植物 Angiospermae

地果 *Ficus tikoua* Bur.

匍匐木质藤本，节上生不定根。叶倒卵状椭圆形，边缘具波状圆齿。榕果近球形，具短梗，生于无叶老枝上，常埋于土内，熟时果径4～15 mm，暗淡红色，可食用。

分布于广西、云南、贵州、四川及陕西等。印度、越南及老挝有分布。园博园野生。

桑 *Morus alba* L.

乔木或灌木。叶广卵形，不裂或分裂，叶缘有粗钝齿，叶背脉上有疏毛及腋毛。雌雄花序均为柔荑花序，雄花序长 1 ~ 2.5 cm，雌花序长约 1 cm，果紫黑色或白色。

产中国中部及北部地区。现代园林景区、国际园林展区、江南园林景区有栽培。

11. 荨麻科（Urticaceae）

水麻 *Debregeasia orientalis* C. J. Chen

落叶灌木。小枝与叶柄被贴生柔毛。叶长圆状披针形至线状披针形，背面网脉内被白色毡毛，网脉可见。花序生于去年生枝和老枝叶腋。瘦果熟时橙黄色。花期 3 ~ 4 月，果期 5 ~ 7 月。

产甘肃、陕西、湖北、湖南、广西、台湾及西南各省区。不丹、尼泊尔、日本及印度有分布。园博园野生。

花叶冷水花 *Pilea cadierei* Gagnep. et Guill.

多年生草本，全株无毛。同对叶近等大，上面具两条间断白斑，基出脉 3。雌雄异株；雄花序头状，常成对腋生。雄花、雌花花被片 4。

原产越南。南昌园、清远园有栽培。

12. 胡桃科（Juglandaceae）

枫杨 *Pterocarya stenoptera* C. DC.

落叶乔木；裸芽常叠生，具柄。偶数羽状复叶，小叶有锯齿，叶轴具窄翅。雌雄花均组成柔荑花序，雄花序单生叶腋，雌花序顶生；雄花小苞片2，花被片4，雄蕊5～18；雌花2小苞片连同4枚花被片与子房贴生。坚果具翅。

产中国华东、华中、西南地区及广西。园博园零星栽培。

13. 杨梅科（Myricaceae）

杨梅 *Myrica rubra* (Lour.) Sieb. et Zucc.

常绿乔木，小枝及芽无毛。叶全缘，稀中上部具疏齿，下面疏被金黄色腺鳞，叶柄无毛。雄花序单生或数序簇生于叶腋处，雄花具2～4小苞片，雄蕊4～6；雌花具4小苞片。核果熟时深红色或紫红色。

产长江以南各省区。日本、朝鲜、菲律宾有分布。园博园常见栽培。

三 被子植物 Angiospermae

14. 壳斗科 (Fagaceae)

栗 (板栗) *Castanea mollissima* Bl.

落叶乔木。叶互生，椭圆形至长圆形，叶背被星状绒毛，边缘有锯齿，侧脉直达齿尖。柔荑花序直立，腋生，雌雄同序或异序；雄花花被片6，雄蕊10～12；雌花1～3朵聚生于一壳斗内。壳斗密被针刺，每壳斗具1～3坚果。

中国除宁夏、新疆、青海及海南外，各地均有分布或栽培。越南北部有分布。云顶揽胜景区、卧龙石景区山体有栽培。

麻栎 *Quercus acutissima* Carruth.

落叶乔木。叶边缘具刺芒状锯齿，两面同色，老叶背面无毛。雄花序为柔荑花序，下垂，花被4～7裂，雄蕊4～7或较少；雌花序穗状，直立，雌花单生，花被5～6裂，子房3室。壳斗杯状，每壳斗具1坚果，包坚果约1/2；小苞片线形，反曲。

产中国大多数省区，日本、朝鲜、印度及越南有分布。美国韦恩斯伯勒市园有栽培，园博园山体有野生。

白栎 *Quercus fabri* Hance

落叶乔木或灌木状。小枝密生绒毛。叶片倒卵形、椭圆状倒卵形，边缘具波状锯齿或粗钝锯齿，幼时两面被星状毛，侧脉每边 8 ～ 12 条；叶柄长 3 ～ 5 mm，被棕黄色绒毛。壳斗杯形，包坚果约 1/3，小苞片卵状披针形，排列紧密。

产中国除西北及东北以外大部分地区。园博园山体有野生。

大叶栎 *Quercus griffithii* Hook. f. et Thoms ex Miq.

落叶乔木。叶片倒卵形或倒卵状椭圆形，边缘具尖锯齿，叶背面被星状毛，有时脱落近无毛，沿中脉被长单毛；侧脉每边 12 ～ 18 条，直达齿尖；叶柄长 5 ～ 10 mm，被长柔毛。壳斗杯状，包坚果 1/3 ～ 1/2，小苞片长卵状三角形，贴生。坚果椭圆形或卵状椭圆形。

产中国西南地区。印度、缅甸及斯里兰卡有分布。美国韦恩斯伯勒市园有栽培。

蒙古栎 *Quercus mongolica* Fisch. ex Ledeb.

落叶乔木；幼枝无毛。叶片倒卵形至狭倒卵形，边缘具 7 ～ 10 对粗钝齿，幼时沿脉有毛，后脱落无毛，侧脉每边 7 ～ 11 条，基部窄圆形或耳形；叶柄长 2 ～ 8 mm，无毛。壳斗杯形，包坚果 1/3 ～ 1/2，直径 1.5 ～ 1.8 cm，小苞片三角状卵形，密被灰白色短绒毛，伸出口部边缘呈流苏状。坚果卵形至长卵形，直径 1.3 ～ 1.8 cm。

产中国东北、西北、华北地区及四川。英国威尔士园有栽培。

纳塔栎 *Quercus texana* Buckley

落叶乔木；小枝及芽鳞无毛。叶羽状深裂，裂片3～5对，具细裂齿，齿尖具芒；叶背淡绿色，无毛或脉腋有簇毛；叶柄长2～5 cm。壳斗杯状，包坚果1/3～1/2；小苞片紧贴，无毛；坚果阔卵形或阔椭圆形。

原产美国。上海园有栽培。

栓皮栎 *Quercus variabilis* Bl.

落叶乔木。芽鳞具缘毛。叶边缘具刺芒状锯齿，叶背灰白色，密被灰白色星状毛。壳斗杯状，包坚果约2/3；小苞片线形，反曲。

产中国大多数省区。日本、朝鲜有分布。美国韦恩斯伯勒市园有栽培，园博园山体有野生。

15. 紫茉莉科（Nyctaginaceae）

光叶子花 *Bougainvillea glabra* Choisy

落叶藤状灌木，具枝刺。枝无毛或有疏毛。叶互生，基部楔形或宽楔形，两面几无毛。花两性，常3朵簇生枝端，每朵花具1枚叶状苞片，紫色或紫红色；花梗与苞片中脉贴生；花被合生成管状，与苞片近等长，疏被柔毛，顶端5～6裂。

原产巴西。园博园常见栽培。

叶子花 *Bougainvillea spectabilis* Willd.

落叶藤状灌木，具枝刺。枝、叶密被柔毛。叶互生，基部近圆形，两面被毛。花两性，常3朵簇生枝端，每朵花具1枚叶状苞片，暗红色；花梗与苞片中脉贴生；花被合生成管状，短于苞片，萼筒密被柔毛。

原产热带美洲。园博园常见栽培。园博园栽培的品种还有：斑叶叶子花 'Variegata'，叶具黄色斑纹。

16. 仙人掌科（Cactaceae）

六棱柱 *Cereus hexagonus* (L.) P. Mill.

肉质灌木或小乔木。茎灰绿色或蓝绿色，常具6纵棱，小窠沿纵棱着生。花生于纵棱小窠处，长达30 cm，花被白色，夜间开放。浆果紫红色或黄色，果肉白色，可食。

原产南美洲。园博园喀什园及上海园有栽培。

梨果仙人掌 *Opuntia ficus-indica* (L.) Mill.

肉质灌木或小乔木。分枝淡绿色至灰绿色，基部圆或宽楔形，无毛，小窠垫状，无刺或具 1 ~ 5 针状刺至刚毛状白色刺。花橙黄、深黄或橙红色；雄蕊花丝及花药黄色。柱头 7 ~ 10。浆果每侧具 25 ~ 35 小窠。花期 5 ~ 6 月。

原产墨西哥。园博园上海园有栽培。

单刺仙人掌 *Opuntia monacantha* (Willd.) Haw.

肉质灌木或小乔木。分枝多数，嫩时薄而波皱，鲜绿色而有光泽，无毛；小窠疏生，具短绵毛、倒刺刚毛和刺；刺针状，单生或 2（~ 3）枚聚生；主干上每小窠具刺 10 ~ 12 枚。花深黄色，外面具红色中肋；花丝淡绿色；花药淡黄色；柱头 6 ~ 10。浆果梨形或倒卵球形，无毛，紫红色，每侧具 10 ~ 15 小窠，小窠具短绵毛和倒刺刚毛，通常无刺。花期 4 ~ 8 月。

原产巴西、巴拉圭、乌拉圭及阿根廷。园博园喀什园有栽培。

17. 蓼科（Polygonaceae）

千叶兰 *Muehlenbeckia complexa* Meisn.

常绿藤本。茎匍匐或攀缘，红褐色，有时节上生根。单叶互生，圆形至椭圆形，长0.5～2.5 cm，边缘全缘；托叶鞘状，脱落；叶柄长3～10 mm。花序腋生或顶生，每花序1～2花，花被淡黄绿色至淡绿色，基部微合生。瘦果具3棱，包于肉质白色花被内。

原产新西兰。园博园上海园有栽培。

18. 五桠果科（Dilleniaceae）

束蕊花 *Hibbertia scandens* Dryand.

缠绕藤本。叶互生，全缘，或中上部具不明显齿。花两性，单生枝顶；萼片5，密被绢毛；花瓣5，黄色；雄蕊多数。花期几全年。

原产澳大利亚。厦门园有栽培。

19. 芍药科（Paeoniaceae）

牡丹 *Paeonia suffruticosa* Andr.

落叶灌木。叶互生，二回三出复叶，顶生小叶3裂。花大，单生于枝顶或少数呈聚伞花序；萼片3～5，绿色而宿存，花瓣4～13（栽培品种为重瓣），白、黄、粉、红、紫等色；雄蕊多数；心皮5，离生，被柔毛。聚合蓇葖果。

原产中国陕西、甘肃一带，中国已有逾两千年的栽培历史。洛阳园有栽培。

三 被子植物 Angiospermae

芍药 *Paeonia lactiflora* Pall.

多年生宿根草本。叶互生，二回三出复叶，顶生小叶不开裂。花单生或数朵成聚伞状花序，花白、粉、红等色；心皮3～5，无毛；花盘不发达。

产中国西南至东北地区。朝鲜、日本、蒙古及俄罗斯西伯利亚和远东地区有分布。园博园国际园林展区公共区域有栽培。

20. 山茶科（Theaceae）

山茶 *Camellia japonica* L.

常绿灌木；枝叶茂密。叶互生，腹面网脉不明显，边缘具锯齿，侧脉7～8对，叶柄长8～15 mm。花顶生，红色，品种有白、淡红及复色。子房无毛。花期11月至翌年1～4月。

产浙江、台湾及山东。朝鲜半岛及日本有分布。园博园常见栽培。

油茶 *Camellia oleifera* Abel

常绿灌木或小乔木；小枝、叶腹面中脉及叶柄有粗毛。叶椭圆形，边缘具细锯齿。花顶生，花瓣5～7，白色，先端微凹或2裂，背面至少边缘具丝毛；子房3～5室，密被黄色长毛。花期10月至翌年2月。

分布于长江流域以南地区。越南、老挝及缅甸有分布。韩国济州园有栽培。

茶梅 *Camellia sasanqua* Thunb.

常绿灌木；嫩枝有毛。叶椭圆形，侧脉 5 ~ 6 对，腹面不明显，叶柄长 4 ~ 6 mm，稍被残毛。花较小，苞片及萼片被毛；子房被毛。花期 11 月至翌年 1 月。

原产日本。园博园常见栽培。

茶 *Camellia sinensis* (Linn.) O. Kuntze

常绿灌木；嫩枝无毛。叶长圆形或椭圆形，侧脉 5 ~ 7 对，边缘有锯齿，叶柄长 3 ~ 8 mm，无毛。花 1 ~ 3 朵腋生，白色；萼片 5 片，无毛，宿存；花瓣 5 ~ 6；子房密生白毛。花期 10 月至翌年 2 月。

产中国西南、华南、东南、华中及华东地区。杭州园、福州园有栽培。

滨柃 *Eurya emarginata* (Thunb.) Makino

常绿灌木；嫩枝圆柱形，密被短柔毛。叶倒卵形或倒卵状披针形，长 2 ~ 3 cm，微反卷，两面无毛。花 1 ~ 2 朵腋生，白色；雄蕊约 20，花药具分格；子房 3 室，无毛。花期 10 ~ 11 月。

产浙江、福建沿海地区及台湾。朝鲜、日本有分布。上海园有栽培。

厚皮香 *Ternstroemia gymnanthera* (Wight et Arn.) Sprague

常绿小乔木；小枝轮生。叶全缘，侧脉两面不明显。花常生于无叶小枝上，萼片先端圆；花瓣淡黄白色。果球形，径 0.7 ~ 1 cm，果梗长 1 ~ 1.2 cm。

产中国华东、华中、华南及西南地区。越南、老挝、泰国、柬埔寨、尼泊尔、不丹及印度有分布。上海园有栽培。

21. 藤黄科（Guttiferae）

金丝桃 *Hypericum monogynum* L.

灌木。单叶对生，叶片椭圆形或长圆形。萼片 5，全缘；花瓣 5，黄色；雄蕊多数，与花瓣近等长；花柱合生，柱头 5 裂。花期 5 ~ 8 月。

产中国西南、华南、东南、华中及华东地区。上海园、候鸟湿地景区有栽培。

金丝梅 *Hypericum patulum* Thunb. ex Murray

灌木。单叶对生，叶片披针形、长圆状披针形至卵形，在小枝上排为 2 列。萼片 5，边缘具啮蚀状小齿；雄蕊多数，短于花瓣；花柱 5，离生。花期 6 ~ 7 月。

产中国西南、华南、华中及华东地区。候鸟湿地景区有栽培。

22. 杜英科（Elaeocarpaceae）

杜英 *Elaeocarpus decipiens* Hemsl.

常绿乔木；幼枝密被微柔毛，后变无毛。叶披针形或倒披针形，两面近无毛，侧脉7～9对。花瓣5，外侧无毛，上部14～16撕裂；花盘5浅裂；雄蕊25～30，药隔无附属物；子房3室。核果椭圆形，长2～2.5 cm。花期6～7月。

产中国西南、华南及东南地区。越南及日本有分布。园博园常见栽培。

水石榕 *Elaeocarpus hainanensis* Oliv.

常绿乔木。叶聚生枝端，倒披针形或长圆形，背面疏被短柔毛，侧脉14～16对。苞片叶状，宿存。花瓣5，先端撕裂，裂片30；雄蕊药隔具芒状附属物；子房2室，被毛。核果纺锤形，长3～4 cm，无毛。花期6～7月。

产广东、海南、广西及云南。越南、泰国有分布。海口园、汕头园、银浪石矶有栽培。

毛果杜英 *Elaeocarpus rugosus* Roxb.

常绿乔木；小枝被柔毛。叶簇生枝顶，倒卵状披针形、倒卵形或倒卵状椭圆形，长 18～30 cm，侧脉 16～18 对。萼片 5 或 6；花瓣 5 或 6，先端条裂，裂片 15～20；雄蕊花药芒长 4～4.5 mm；子房被毛，2 室。核果长约 3.5 cm，被绒毛。

产云南南部及海南。印度、缅甸、泰国及马来西亚有分布。汕头园有栽培。

23. 锦葵科（**Malvaceae**）

木芙蓉 *Hibiscus mutabilis* L.

落叶灌木或小乔木。小枝、叶柄、叶两面、花梗、花萼密被星状毛。叶 5～7 浅裂，基出脉 7～11。花梗长 5～8 cm，近顶端具节；副萼 8，线形，长 1～1.6 cm，宽约 2 mm；花瓣初白或粉红色，后深红色；花柱分枝被毛。花期 8～10 月。

园博园栽培的品种还有：重瓣木芙蓉 'Plenus'，花重瓣，由粉红变紫红色。

产湖南。园博园常见栽培。

木芙蓉

重瓣木芙蓉

木槿 *Hibiscus syriacus* L.

落叶灌木。小枝、花梗、花萼被星状绒毛。叶卵形或菱状卵形，基部楔形，具3～5基出脉。花梗长4～14 mm；副萼6～8，线形，长6～15 mm，宽1～2 mm；花淡紫色；花柱分枝无毛。花期7～11月。

原产中国中部。园博园常见栽培。栽培的还有如下品种：

白花单瓣木槿 'Totus-albus'，花白色，单瓣。国际园林展区公共区域有栽培。

白花重瓣木槿 'Alboplenus'，花重瓣，白色。国际园林展区公共区域有栽培。

红心木槿 'Red Heart'，花大，白色，花心明显红色。国际园林展区公共区域有栽培。

紫花重瓣木槿 'Violaceus'，花重瓣，淡紫色。国际园林展区公共区域有栽培。

斑叶木槿 'Variegatus'，叶具浅黄色或白色斑纹。上海园有栽培。

木槿

白花单瓣木槿

白花重瓣木槿

红心木槿

紫花重瓣木槿

斑叶木槿

24. 大风子科（Flacourtiaceae）

柞木 *Xylosma congesta* (Lour.) Merr.

常绿灌木或乔木，具枝刺。叶宽卵形或椭圆状卵形，具钝齿，无毛。雌雄异株，

总状花序腋生；萼片4～6，无花瓣；雄花雄蕊多数，花盘腺体状；雌花花盘圆盘状，侧膜胎座2。浆果球形，黑色。花期5～7月，果期9～10月。

产中国西南、华南、东南、华中、华东地区。印度、日本及朝鲜有分布。武汉园有栽培。

25. 杨柳科（Salicaceae）

加杨 *Populus* × *canadensis* Moench

落叶乔木。小枝无毛，稍有棱角。叶互生，三角状卵形或菱状卵形，叶柄侧扁，无或有1～2枚腺体。雌雄异株，雌雄花序均为柔荑花序，无花被；雄花雄蕊15～25，苞片丝状深裂；雌花柱头4裂。果序长达27 cm；蒴果。

为美洲黑杨（*P. deltoides*）与黑杨（*P.nigra*）的杂交种。湿地花溪景区有栽培。

垂柳 *Salix babylonica* L.

落叶乔木；小枝细长下垂。叶线状披针形，长 9 ~ 16 cm，叶柄有短柔毛。雌雄异株，雌雄花序均为柔荑花序，无花被；雄花雄蕊 2，腺体 2；雌花腺体 1 枚。

原产中国长江流域及黄河流域地区。园博园常见栽培。

旱柳 *Salix matsudana* Koidz.

落叶乔木；枝细长，直立或斜展。叶披针形，长 5 ~ 10 cm，叶柄上面具长柔毛。雌雄异株，雌雄花序均为柔荑花序，无花被；雄花、雌花各具腺体 2 枚。

产中国东南、华北、华西、华中及华东地区。欧洲，俄罗斯、蒙古及日本有分布。候鸟湿地景区、主展馆有栽培。

南川柳 *Salix rosthornii* Seemen

落叶乔木。叶披针形、椭圆状披针形或长圆形，长 4 ~ 7 cm，宽 1.5 ~ 2.5 cm，两面无毛，边缘有整齐的腺锯齿；叶柄上端有或无腺点。雄蕊 3 ~ 6，具腹腺和背腺，常成多裂的盘状；子房无毛，腺体 2，腹腺大，背腺有时不发育。

产中国华中、华东地区及重庆。俄罗斯沃罗涅日园有栽培。

26. 杜鹃花科（Ericaceae）

马缨杜鹃 *Rhododendron delavayi* Franch.

常绿灌木或小乔木。叶革质，边缘反卷，背面有灰色或淡棕色海绵状毛。顶生伞形花序有花 10～20，花冠深红色，基部有 5 个黑红色蜜腺囊；雄蕊 10；子房密被红棕色柔毛。花期 5 月。

产广西、贵州、云南、西藏及四川。毕节园有栽培。

西洋杜鹃 *Rhododendron hybridum* Ker Gawl.

常绿灌木。小枝及叶被毛。单叶互生，花色丰富，花期长，品种繁多。杂交种。园博园零星栽培。

皋月杜鹃 *Rhododendron indicum* (L.) Sweet

半常绿灌木。叶革质而有光泽，叶柄及叶背面被红棕色糙伏毛，边缘疏生细圆齿，叶柄长 2 ~ 4 mm。花冠长 3 ~ 4 cm，红或粉红色；雄蕊 5，不等长，较花冠短，花丝中部以下具微柔毛。花期 5 ~ 6 月。

原产日本。园博园常见栽培。

白花杜鹃 *Rhododendron mucronatum* (Bl.) G. Don

半常绿灌木；芽鳞具黏胶；小枝、叶片、花萼被糙伏毛和腺毛。花序顶生，花 1 ~ 3 朵；花萼长约 1.2 cm；花冠白色，品种有红、紫红、粉红等色；雄蕊 10，较花冠长；子房密被刚毛，5 室。花期 4 ~ 5 月。

产中国华东、华南及西南地区。园博园零星栽培。

三 被子植物 Angiospermae

27. 柿树科（Ebenaceae）

乌柿 *Diospyros cathayensis* Steward

常绿灌木或小乔木，具枝刺，小枝被短柔毛。叶形态变化大，中脉上面稍凸起。花萼、花冠4裂。雄花雄蕊16；雌花花萼裂片长约1 cm，子房6室。果球形，熟时黄色，无毛，果柄长 2.5 ~ 4 cm，宿萼长 1.2 ~ 2.5 cm。花期 4 ~ 5 月，果期 9 ~ 10 月。

产四川、重庆、湖北、云南、贵州、湖南及安徽。园博园零星栽培。

柿 *Diospyros kaki* Thunb.

落叶乔木；小枝被毛。叶卵状椭圆形、倒卵形或近圆形，侧脉 5 ~ 7 对。花萼、花冠4裂；雄花雄蕊 16 ~ 24。果熟时黄色或橙黄色，无毛，径 3.5 ~ 10 cm。花期 5 ~ 6 月，果期 9 ~ 10 月。

原产中国长江流域地区。石家庄园、悠园等有栽培。

28. 海桐花科（Pittosporaceae）

海桐 *Pittosporum tobira* (Thunb.) Ait.

常绿灌木。单叶互生，常聚生枝顶，叶片倒卵形，老叶无毛，先端圆或钝。伞形或伞房花序顶生，花5基数，花瓣白色，具香气，后黄色；子房上位，被毛，侧膜胎座3。蒴果3瓣裂。种子红色。花期 3 ~ 5 月。

产浙江、福建、台湾、江西及湖北。日本、朝鲜有分布。园博园常见栽培。

29. 绣球花科（**Hydrangeaceae**）

绣球 *Hydrangea macrophylla* (Thunb.) Seringe

落叶或半常绿半灌木。单叶对生，椭圆形至卵形，具粗齿，两面无毛。伞房状聚伞花序近球形或头状，全为不育花，萼片4，红、粉红、紫红、蓝、淡蓝或白色。花期6~8月。

产广东、贵州及四川。日本、朝鲜有分布。园博园常见栽培。

山绣球 *Hydrangea macrophylla* var. *normalis* Wils.

与绣球主要区别在于：花序仅边缘的花为不育花，其余为两性花。

产浙江及广东。园博园栽培的为其品种：花叶山绣球 'Variegata'，叶边缘具不规则乳白色斑纹。上海园有栽培。

山梅花 *Philadelphus incanus* Koehne

落叶灌木；小枝被微柔毛或无毛。单叶对生，叶片卵形或阔卵形，上面被刚毛，下面密被白色长粗毛，具3或5基出脉。总状花序，花梗、花萼被毛；花瓣4，白色；子房半下位；蒴果。花期5～6月。

产湖北、湖南、河南、山西、陕西及四川。上海园有栽培。

30. 景天科（Crassulaceae）

长药八宝 *Hylotelephium spectabile* (Bor.) H. Ohba

多年生草本。叶对生或3叶轮生。花序伞房状；花两性，花瓣5，淡紫红色至紫红色，雄蕊10，长于花瓣，花药紫色。蓇葖果。花期8～9月。

产中国东北、河北、河南、山东、安徽及陕西。朝鲜有分布。国际园林展区有栽培。

佛甲草 *Sedum lineare* Thunb.

多年生草本。叶3枚轮生，稀对生或4叶轮生，线形，具短距。聚伞花序顶生，具1~3分枝，每分枝再次2分枝；花两性，萼片及花瓣5，离生，花瓣黄色。蓇葖果。花期4~5月。

产中国南部地区。日本有分布。园博园零星栽培。

假景天 *Sedum spurium* Bieb.

多年生草本；茎匍匐。叶对生，倒卵形或近圆形，边缘具粗圆齿。聚伞花序顶生；花两性，萼片及花瓣5，离生，花瓣红色或粉红色。蓇葖果。

原产欧洲东部及亚洲西部地区。园博园栽培的为其品种：红地毯景天'Red Carpet'，叶红色，花紫红色。国际园林展区、现代园林展区有栽培。

31. 虎耳草科（Saxifragaceae）

小花肾形草（矾根）*Heuchera micrantha* Dougl.

多年生草本。叶基生，圆形或多角形，5~7（9）浅裂或深裂，边缘具牙齿。聚伞花序顶生，花序轴、花梗及花萼被腺毛；花辐射对称，萼片及花瓣5；花瓣白色或淡粉色；雄蕊5；心皮2，合生，子房半下位，1室，侧膜胎座。蒴果。花期春至夏季。

原产北美。园博园北京园有栽培。

32. 蔷薇科（Rosaceae）

桃 *Amygdalus persica* L.

　　落叶乔木。单叶互生，长圆状披针形、椭圆状披针形或倒卵状披针形，背面脉腋具短柔毛或无毛。花单生，5基数，花萼外面被短柔毛，花瓣粉红色。果核两侧扁，顶端渐尖，具纵、横沟纹和孔穴。花期3～4月。

　　栽培的品种有：碧桃'Duplex'，花重瓣，淡红色；红花碧桃'Rubro-plena'，花半重瓣，红色；紫叶桃'Atropurpurea'，叶紫色；撒金碧桃'Versicolor'，花半重瓣，白色而有红色条纹，或一枝之花兼有红色和白色；塔型碧桃'Pyramidalis'，树冠窄塔形或窄圆锥形。

　　原产中国。园博园常见栽培。

红花碧桃

紫叶桃

撒金碧桃

桃

梅 *Armeniaca mume* Sieb.

落叶灌木。一年生枝绿色。叶卵形或椭圆形，先端尾尖，叶柄长 1 ～ 2 cm。花单生或 2 朵，花梗常无毛；花瓣粉红或白色。核果熟时黄色或绿白色，果核具蜂窝状孔穴。花期 3 ～ 4 月。

原产四川西部及云南西部地区。龙景书院景区、江南园林展区常见栽培，其他景区零星栽培。

杏 *Armeniaca vulgaris* Lam.

落叶乔木。一年生枝褐色或红褐色。叶宽卵形或圆卵形，先端急尖或短渐尖，叶柄长 2 ～ 3.5 cm。花单生，花梗被短柔毛；花白色带红晕。核果熟时白色、黄色或黄红色，常具红晕。果核平滑，无凹点。花期 3 ～ 4 月。

产新疆天山东部和西部。秋亭桥桥头有栽培。

山樱花 *Cerasus serrulata* (Lindl.) G.Don

落叶乔木。叶柄、叶片两面均无毛，边缘具单锯齿或重锯齿，齿尖具长芒。伞房花序有花 2 ～ 3 朵，花无香气；花梗无毛；萼筒管状，无毛；花瓣白色，稀粉红色；花柱无毛。花期 4 ～ 5 月。

产中国东北、华北至长江流域地区。日本及朝鲜有分布。湿地花溪景区有栽培。

日本晚樱 *Cerasus serrulata* var. *lannesiana* (Carr.) Mak.

与山樱花的区别为：叶缘具渐尖重锯齿，齿尖具长芒，花香，白、黄、红等色，单瓣或重瓣。花期4～5月。

原产日本。园博园常见栽培。

毛叶木瓜 *Chaenomeles cathayensis* (Hemsl.) Schneid.

落叶灌木至小乔木，具枝刺。叶椭圆形、披针形至倒卵状披针形，背面密被褐色绒毛，托叶肾形。花2～3朵簇生，先叶开放，淡红色或白色；花柱5，下部被毛。果实卵球形或近圆柱形，先端有突起，长8～12 cm，宽6～7 cm，味芳香。花期3～5月，果期9～10月。

产中国华中、西南地区及甘肃、广西。江南园林展区有栽培。

日本木瓜（倭海棠）*Chaenomeles japonica* (Thunb.) Lindl. ex Spach

落叶矮小灌木，有枝刺，二年生枝具疣状突起。叶倒卵形或匙形，托叶肾形。花3～5朵簇生，白、粉、

红等色；花柱5，无毛。果近球形，径3～4 cm。花期3～6月。

原产日本。园博园零星栽培。

皱皮木瓜（贴梗海棠） *Chaenomeles speciosa* (Sweet) Nakai

落叶灌木，有枝刺，二年生枝无疣状突起。叶卵形或长椭圆形，托叶肾形或半圆形。花簇生，先叶开放，近无梗；花瓣鲜红色，花柱无毛或稍有毛。果径 5 ~ 8 cm。花期 3 ~ 5 月。

产甘肃、四川、贵州、云南及广东。缅甸有分布。园博园江南园林展区、东入口等有栽培。

枇杷 *Eriobotrya japonica* Lindl.

常绿乔木，小枝被绒毛。叶倒卵形、倒披针形或披针形，叶面多皱，背面被灰棕色绒毛，边缘疏生锯齿，叶柄长 6 ~ 10 mm，密被绒毛。花柱 5，离生。果熟时黄色或橘黄色。花期 10 ~ 12 月，果期 5 ~ 6 月。

产重庆及湖北。湿地花溪景区、荟萃园景区常见栽培，其他景区零星栽培。

三 被子植物 Angiospermae

垂丝海棠 *Malus halliana* Koehne

落叶乔木。叶有圆钝细锯齿。萼片先端圆钝；花粉红色，花瓣常 5 枚以上；花柱 4 或 5。果径 6 ~ 8 mm，略带紫色，萼片脱落。花期 3 ~ 4 月。

产中国华东、华中、西南地区及辽宁、河北。江南园林景区、荟萃园景区、环湖路、卧龙石景区常见栽培，其他地方零星栽培。

西府海棠 *Malus × micromalus* Makino

落叶乔木。叶缘有尖锐锯齿。萼片先端急尖或渐尖；花瓣粉红色；花柱5。果径1～1.5 cm，红色，宿存部分萼片，萼洼、柄洼均下陷。花期4～5月。

为海棠花与山荆子的杂交种。江南园林景区、韩国晨静园、台湾彰化园、成都园有栽培。

园博园栽培的品种还有：

北美海棠 'American'，叶暗红色，花紫红色，果暗红色。江南园林景区有栽培，其他景区零星栽培。

樱桃李 *Prunus cerasifera* Ehrh.

落叶乔木；小枝无毛。叶椭圆形、卵形或倒卵形，背面沿中脉有柔毛或脉腋具髯毛，余无毛；叶柄无毛。花单生，稀2朵；花梗无毛或微被短柔毛；花瓣白色；心皮被长柔毛。核果微被蜡粉；果核平滑或粗糙。花期4月，果期8月。

产新疆。哈萨克斯坦、土库曼斯坦、乌兹别克斯坦，东南亚及欧洲有分布。园博园栽培的为其品种：紫叶李'Atropurpurea'，叶紫色。园博园常见栽培。

李 *Prunus salicina* Lindl.

落叶乔木；小枝无毛。叶长圆状倒卵形或长椭圆形，两面无毛；叶柄无毛。花通常3朵簇生，花梗无毛；花白色。核果被白粉，果核具皱纹。花期4月，果期7～8月。

产中国华东、华中、华北等省区。国际园林展区、杭州园有栽培。

火棘 *Pyracantha fortuneana* (Maxim.) H. L. Li

常绿灌木，具枝刺。单叶互生，叶片中部以上最宽，边缘有圆钝锯齿，先端圆或微凹，两面无毛。复伞房花序，花瓣5，白色；心皮5，子房半下位。梨果，红色，径约5 mm，具5小核。花期3～5月，果期8～11月。

产华东、华中、西北、西南地区及广西。园博园常见栽培。

栽培的品种有：小丑火棘 'Harlequin'，叶具浅色斑纹。上海园有栽培。

贵州石楠 *Photinia bodinieri* Lévl.

常绿乔木，常具枝刺，小枝具短柔毛。叶长圆形、椭圆形、倒卵形至倒披针形，5～10 cm，两面无毛，边缘有锯齿，叶柄长1～1.5 cm。复伞房花序，花序梗、花梗及花萼被贴伏柔毛；花柱2或3，基部被长柔毛。果熟时紫黑色。花期5月，果期9～10月。

产华东、华中、西南、华南地区及陕西。

石楠 *Photinia serratifolia* (Desf.) Kalkman

常绿灌木或乔木；小枝无毛。叶长椭圆形、长倒卵形或倒卵状长圆形，长9～20 cm，两面无毛，边缘疏生具腺细锯齿，叶柄长2～4 cm。复伞房花序，除子房外各部无毛；花柱2稀3。果熟时红色。花期4～5月，果期10月。

产长江流域以南各省区。张家港园、韩国釜山广域市园有栽培。

红叶石楠 *Photinia × fraseri* Dress

常绿灌木或小乔木。小枝、叶两面、叶柄无毛，叶柄短于2cm，新叶红色鲜艳。杂交种。园博园常见栽培。

沙梨 *Pyrus pyrifolia* (Burm. f.) Nakai

常绿乔木。叶卵状椭圆形或卵形，基部圆形或近心形，边缘有刺芒状锯齿，两面无毛。伞形总状花序；花瓣5，白色；子房下位，花柱5。果近球形，熟时浅褐色，有浅色斑点，萼片脱落。花期4月，果期8月。

产长江以南地区，南至华南北部，西至西南。

月季花 *Rosa chinensis* Jacq.

直立灌木，有短弯皮刺或无刺。一回羽状复叶，小叶3～5，稀7，两面近无毛；托叶边缘全缘，具短腺毛，离生部分耳状。花4～5朵，稀单生；花单瓣、半重瓣至重瓣，红色、粉红或白色；花柱离生。蔷薇果梨形或倒卵形，萼片脱落。花期4～10月。

原产贵州、四川及湖北。园博园常见栽培。

野蔷薇 *Rosa multiflora* Thunb.

攀缘灌木；小枝具短弯皮刺。小叶5～9，背面具柔毛；托叶篦齿状，齿尖具腺。复伞房花序；萼片披针形，全缘或中部具2线形裂片，脱落；花瓣5，白色，花梗有腺毛；花柱合生成束，无毛。蔷薇果球形。花期4～7月。

产河南、山东及江苏。日本及朝鲜有分布。园博园栽培的为其品种：七姊妹‘Carnea’，花重瓣，粉红色。园博园常见栽培。

香水月季 *Rosa odorata* (Andr.) Sweet

攀缘灌木，具粗短钩状皮刺。小叶5～9，革质，两面无毛；托叶无毛，边缘或近基部具腺。花芳香，单生或2～3朵；萼片披针形，先端长渐尖，花后反折，果时脱落；花瓣白色或粉红色；花柱离生，具短柔毛。蔷薇果扁球形。花期6～9月。

产云南。园博园零星栽培。

缫丝花 *Rosa roxburghii* Tratt.

直立灌木，小枝具成对皮刺。小叶9～15，两面无毛，托叶边缘有腺毛。花单生或2～3朵，花梗短；萼片宽卵形，具羽状裂片，外面密被针刺；花瓣淡红色或粉红色；花柱离生，被毛。果扁球形，密生针刺。花期5～7月，果期8～10月。

产中国西南、华中及东南地区。园博园山体有野生。

玫瑰 *Rosa rugosa* Thunb.

落叶直立灌木，小枝密生绒毛，并有针刺、腺毛和直或弯的皮刺。小叶 5 ~ 9，网脉下凹而使叶面皱缩，叶柄、叶轴及叶背面密被绒毛及腺毛。花紫红色，重瓣至半重瓣，极香。蔷薇果扁球形，萼片宿存。花期 5 ~ 6 月。

产辽宁及山东。日本、朝鲜及俄罗斯有分布。香港园、北方园林展区有栽培。

粉花绣线菊 *Spiraea japonica* L. f.

落叶灌木。单叶互生，叶卵形至卵状椭圆形，先端急尖至渐尖，叶背沿脉常被短柔毛。复伞房花序顶生于当年生直立新枝；花 5 基数，花瓣粉红或淡紫色；心皮 5，离生。蓇葖无毛或沿腹缝有毛。花期 6 ~ 7 月。

原产日本及朝鲜半岛。园博园栽培的为其品种：金焰绣线菊 'Goldflame'，叶黄色。卧龙石景区、龙景书院环湖、比利时安特卫普园、香港园有栽培。

三 被子植物 Angiospermae

单瓣李叶绣线菊 *Spiraea prunifolia* var. *simpliciflora* Nakai

落叶灌木。单叶互生，叶卵形或长圆状披针形，下面被短毛。伞形花序生于老枝侧生短枝，无总梗，基部具叶；花单瓣，白色；心皮5，离生。蓇葖果腹缝具短柔毛。花期3～5月。

产中国华北、华中、华东及西南地区。日本及朝鲜有分布。上海园有栽培。

33. 含羞草科（Mimosaceae）

黑荆 *Acacia mearnsii* De Wilde

落叶乔木。二回羽状复叶，羽片6～30对，每对羽片着生处之间有腺体；小叶长0.7～6 mm，宽0.4～1 mm。头状花序排成总状或圆锥状；花淡黄色或白色。荚果被短柔毛，宽4～5 mm。花期6月。

原产澳大利亚。北方园林展区有栽培。

合欢 *Albizia julibrissin* Durazz.

落叶乔木。二回羽状复叶，叶柄基部及叶轴顶端各有1腺体，羽片4～12对；每羽片小叶10～30对，长6～12 mm，具缘毛；中脉紧靠上缘。头状花序排成顶生圆锥花序；花丝初白色，后转粉红色。荚果。花期6～7月。

产中国黄河、长江及珠江流域各地。园博园常见栽培。

山合欢 *Albizia kalkora* (Roxb.) Prain.

落叶乔木。二回羽状复叶，羽片 2 ~ 4 对；每羽片小叶 5 ~ 14 对，长 1.8 ~ 4.5 cm，两面被柔毛，中脉稍偏于上侧。头状花序 2 ~ 7 枚腋生，或于枝顶排成圆锥花序；花丝初白色，后变黄。荚果。花期 5 ~ 6 月。

产中国华北、西北、华东、华南至西南各地。园博园山体有野生。

银合欢 *Leucaena leucocephala* (Lam.) de Wit

落叶灌木或小乔木。二回羽状复叶，羽片 4 ~ 8 对，基部一对羽片着生处具 1 腺体；每羽片小叶 5 ~ 15 对，长 7 ~ 13 mm，宽 1.5 ~ 3 mm，中脉偏于上缘。头状花序 1 ~ 2 腋生。荚果基部有柄。

原产热带美洲。园博园边坡常见栽培。

三 被子植物 Angiospermae

34. 云实科（Caesalpiniaceae）

红花羊蹄甲 *Bauhinia* × *blakeana* Dunn

常绿乔木。单叶互生，先端2裂，背面及叶柄疏被短柔毛，掌状脉。总状花序多花，顶生或腋生，有时成圆锥花序；花萼佛焰苞状；花瓣红紫色，上面中间1片深紫红色，瓣柄短；能育雄蕊5。通常不结实。花期几全年。

为羊蹄甲与洋紫荆的杂交种。海口园、香港园有栽培。

洋紫荆 *Bauhinia variegata* L.

落叶乔木。单叶互生，先端2裂，两面无毛。花序伞房状；花萼佛焰苞状；花瓣紫红、淡红色至白色，瓣柄极短；能育雄蕊5。荚果带状。花期4月。

产云南。越南、老挝、柬埔寨、缅甸及泰国有分布。柳州园有栽培。

云实 *Caesalpinia decapetala* (Roth) Alston

落叶木质藤本。二回羽状复叶，羽片3～10对，对生，具柄，基部有刺1对；每羽片小叶8～12对，长圆形，两端近圆钝。总状花序顶生，总花梗多刺；花梗顶端具关节；萼片5；花瓣5，黄色；雄蕊10。荚果，腹缝具狭翅。花期4月。

产中国除东北及西北以外大部分地区。南亚、东南亚及东亚有分布。园博园野生。

双荚决明 *Senna bicapsularis* (L.) Roxb.

落叶灌木。一回偶数羽状复叶，小叶 3 ~ 4 对，倒卵形或倒卵状长圆形，先端钝，基部 1 对小叶间着生处具 1 腺体。雄蕊 10，下方 3 枚花丝长而弯曲，上面 3 枚不育。荚果。花期几全年。

原产美洲热带。园博园常见栽培。

伞房决明 *Senna corymbosa* (Lam.) H. S. Irwin et Barneby

落叶灌木。一回偶数羽状复叶，小叶（2）3 对，长圆形或长圆状披针形，先端尖，基部 1 对小叶间着生处具 1 腺体。雄蕊 10，下方 3 枚花丝长而弯曲，上面 3 枚不育。花期几全年。

原产美洲热带。卧龙石景区有栽培。

三 被子植物 Angiospermae

紫荆 *Cercis chinensis* Bunge

落叶灌木，单叶互生，叶两面无毛，具掌状脉。花簇生，无花序梗，先叶开放，花冠假蝶形；花瓣 5，紫红色或粉红色。荚果腹缝具翅。花期 3 ~ 4 月，果期 8 ~ 10 月。

产黄河流域以南各省区。园博园零星栽培。

皂荚 *Gleditsia sinensis* Lam.

落叶乔木，具圆柱形枝刺。一回羽状复叶，小叶 3 ~ 9 对，小叶长 2 ~ 8.5 cm，边缘具细锯齿，网脉两面凸起。花杂性，总状花序；萼片、花瓣 4；子房缝线上及基部被毛。荚果肥厚，常被白色粉霜。花期 3 ~ 5 月，果期 5 ~ 12 月。

产黄河流域以南地区，西至四川，南至两广。园博园常见栽培。

美国皂荚 *Gleditsia triacanthos* L.

落叶乔木，枝刺略扁。一至二回羽状复叶，小叶 6 ~ 18 对，小叶长 1 ~ 3 cm，边缘疏生波状锯齿并被疏柔毛，上面无毛，稀中脉疏被短柔毛，下面中脉被短柔毛。子房被灰白色绒毛。荚果扁平，镰刀状弯曲或不规则旋扭，被疏柔毛。花期 4 ~ 6 月，果期 10 ~ 12 月。

原产美国。青岛园有栽培。

35. 豆科（Fabaceae）

紫穗槐 *Amorpha fruticosa* L.

落叶灌木。一回羽状复叶，小叶 11 ～ 25，卵形或椭圆形，长 1 ～ 4 cm，宽 6 ～ 20 mm，背面被短柔毛和腺点。穗状花序顶生及枝端腋生；蝶形花冠；旗瓣紫色；雄蕊 10，单体；子房具 2 胚珠。荚果不裂，密生腺点。花、果期 5 ～ 10 月。

原产美国东北部和东南部地区。园博园各处边坡常见栽培。

秧青 *Dalbergia assamica* Benth.

落叶乔木。一回羽状复叶；小叶 6 ～ 10 对，长圆形或长圆状椭圆形，宽 1.5 ～ 2.5 cm，先端钝、圆或凹入，两面疏被短柔毛。圆锥花序腋生，蝶形花冠，花瓣白色，内面有紫色条纹；雄蕊 10，为 5 + 5 的二体。荚果长圆形至带状，长 5 ～ 9 cm，宽 12 ～ 18 mm。

产广西及云南。荟萃园有栽培。

黄檀 *Dalbergia hupeana* Hance

落叶乔木；树皮薄片状剥落。一回羽状复叶，小叶 3 ~ 5 对，椭圆形或长椭圆形，宽 2.5 ~ 4 cm，先端钝，两面无毛。蝶形花冠；花瓣白色或淡紫色；雄蕊 10，成 5+5 的二体。荚果长 4 ~ 7 cm，宽 13 ~ 15 mm。花期 5 ~ 7 月。

产中国华东、华中、华南及西南地区。园博园山体野生。

鸡冠刺桐 *Erythrina crista-galli* L.

落叶小乔木；茎及叶柄稍具皮刺。三出复叶，小叶卵形或披针状长圆形。总状花序顶生，花红色；花萼钟状，2 浅裂；雄蕊二体。花期 4 ~ 10 月。

原产巴西。海口园、长沙园有栽培。

龙牙花 *Erythrina corallodendron* L.

落叶灌木或小乔木；干及枝条具皮刺。三出复叶，小叶宽菱状卵形，叶柄、叶背中脉有时具皮刺。总状花序腋生；花萼钟状，萼齿仅下面 1 枚稍突出，其余不明显；花冠红色，龙骨瓣稍长于翼瓣；雄蕊二体。花期 6 ~ 11 月。

原产南美洲。长春园、绵阳园有栽培。

刺桐 *Erythrina variegata* L.

落叶乔木；干及分枝具黑色皮刺。三出复叶，顶生小叶宽卵形或菱状卵形；叶柄、叶背中脉无刺。总状花序顶生，花红色；花萼佛焰苞状，一侧开裂至基部；蝶形花冠，龙骨瓣分离，与翼瓣近等长。花期3～4月。

产台湾、福建、广东、海南及广西。东南亚、澳大利亚及太平洋岛屿有分布。北方园林展区山坡有栽培，其他地方零星栽培。

河北木蓝 *Indigofera bungeana* Walp.

落叶灌木；全株被灰白色丁字毛。一回羽状复叶，小叶2～4对，椭圆形，长5～15mm。总状花序腋生，长4～10cm；花序梗短于叶柄；萼齿近相等，与萼筒近等长；花冠蝶形，紫色或紫红色。荚果，内果皮具紫红色斑点。花期5～6月。

产中国华北、西北、华中、西南地区。园博园边坡有栽培。

三 被子植物 Angiospermae

香花鸡血藤 *Callerya dielsiana* (Harms) P. K. Loc ex Z. Wei et Pedley

常绿木质藤本。一回羽状复叶，小叶5，长5～15cm；具小托叶。圆锥花序顶生，花单生花序轴；花萼阔钟状，被柔毛，萼齿5；花冠紫红色，旗瓣密被绢毛；雄蕊二体；子房密被绒毛。荚果扁平，密被绒毛。花期5～9月。

产中国华东、华中、华南及西南地区。双亭瀑布景区有栽培。

厚果崖豆藤 *Millettia pachycarpa* Benth.

木质藤本。一回羽状复叶，小叶6～8对，长10～18 cm；无小托叶。圆锥花序生于新枝下部，花2～5朵着生节上；花萼杯状，被绒毛，萼齿不明显；花冠淡紫色，旗瓣无毛；雄蕊二体；子房密被绒毛。荚果肿胀，密被斑点。花期4～6月。

产中国华东、华南及西南地区。南亚及东南亚有分布。园博园野生。

常春油麻藤 *Mucuna sempervirens* Hemsl.

常绿木质藤本。三出复叶，小叶无毛。总状花序生于老茎；花萼钟状，5裂；花瓣5，深紫色，旗瓣长3～4 cm；龙骨瓣长6～7 cm，先端内弯成喙状。荚果密被红褐色短伏毛和长刚毛；种子间缢缩。花期4～5月。

产中国华东、华中、华南及西南地区。日本有分布。园博园零星栽培。

刺槐（洋槐） *Robinia pseudoacacia* L.

落叶乔木；小枝褐色，具托叶刺。一回奇数羽状复叶，小叶2～12对，先端圆。总状花序腋生，下垂，花序

轴、花梗被平伏柔毛。蝶形花冠，花瓣白色；雄蕊10，二体。荚果无毛，沿腹缝具狭翅。花期4～6月，果期8～9月。

原产美国东部。园博园山体野生。

杂交刺槐 *Robinia × ambigua* Poir.

落叶小乔木。一回奇数羽状复叶，小叶5～9对，托叶针状或刚毛状；总状花序腋生，花粉红色或白色，荚果被毛。花期4～5月。

为刺槐与粘毛刺槐（*Robinia viscosa* Vent.）的杂交种。园博园栽培的为其品种：香花槐‘Idahoensis’，花玫红色。园博园零星栽培。

槐 *Sophora japonica* L.

落叶乔木；枝绿色。叶柄基部膨大，具叶柄下芽；一回奇数羽状复叶，小叶9～15，具小托叶。圆锥花序顶生，花近白色；子房无毛。荚果肉质。花期6～9月，果期8～10月。

原产日本及朝鲜。北方园林展区有栽培。

园博园栽培的品种还有：

龙爪槐‘Pendula’，小枝下垂。烟台园有栽培。

金枝槐‘Winter Gold’，小枝及叶金黄色。南昌园有栽培。

槐

龙爪槐

金枝槐

白车轴草 *Trifolium repens* L.

多年生草本；全株无毛。茎平卧或匍匐，节上生根。三出掌状复叶，小叶具倒"V"字形白斑。头状花序近球形，花序梗长 6 ~ 20 cm；花白色，花长 0.7 ~ 1.2 cm，具花梗。花果期 5 ~ 10 月。

原产欧洲及北非。柳州园有栽培。

紫藤 *Wisteria sinensis* (Sims) Sweet

落叶木质藤本；茎左旋。一回奇数羽状复叶，小叶 3 ~ 6 对，小托叶宿存。总状花序顶生，下垂，长 15 ~ 30 cm；花冠蝶形，紫色；雄蕊 10，二体；子房具柄。荚果。花期 4 ~ 5 月。

产河北以南黄河长江流域地区及广西、贵州、云南。日本有分布。英国园有栽培。

36. 胡颓子科（Elaeagnaceae）

埃比胡颓子 *Elaeagnus × ebbingei* Boom.

常绿直立灌木。单叶互生，叶革质，卵形或卵状椭圆形，背面密被银白色鳞片和少数褐色鳞片。花白色，芳香；花单被，花萼筒状，顶端4裂；雄蕊4；子房上位，果核果状，熟时红色。花期10～12月，果期翌年4～6月。

为大叶胡颓子（*E. macrophylla* Thunb.）和胡颓子（*E. pungens* Thunb.）的杂交种。园博园上海园有栽培。上海园栽培的品种有：金边埃比胡颓子 'Gilt Edge'，叶具金黄色边。

37. 小二仙草科（Haloragaceae）

粉绿狐尾藻 *Myriophyllum aquaticum* (Vellozo) Verdc.

多年生水生草本。叶4～6枚轮生，羽状全裂，裂片丝状，水上叶灰绿色或蓝绿色。花单性，轮生于水上叶腋部。

原产亚马孙河流域。园博园部分水体有栽培。

38. 千屈菜科（Lythraceae）

细叶萼距花 *Cuphea hyssopifolia* Kunth

常绿小灌木；小枝密被短柔毛并疏生暗红色刺毛。叶线形、线状披针形或狭椭圆形，长 1 ~ 1.5 cm，宽 3 ~ 4 mm。花单生叶腋，萼筒长 4 ~ 5 mm，无毛；花瓣 6，近等大，紫色、浅紫色；雄蕊 11 或 12，内藏。花期 5 ~ 9 月。

原产墨西哥及危地马拉。园博园零星栽培。

栽培的品种还有：紫萼距花‘Allyson’，叶长 1.5 ~ 2.5 cm，宽 4 ~ 7 mm；萼筒长 7 ~ 8 mm。

紫薇 *Lagerstroemia indica* L.

落叶灌木或小乔木；树皮平滑。小枝略四棱，沿棱具窄翅。叶椭圆形至倒卵形，无柄或叶柄根短。圆锥花序顶生；花萼无棱，两面无毛；花瓣 6，淡红色或紫色，边缘有不规则齿缺；雄蕊 38 ~ 42，外轮 6 枚较长；子房无毛。花期 6 ~ 9 月。

中国南北均有分布或栽培。亚洲其他地区也有分布。园博园常见栽培。

栽培的品种还有：银薇‘Alba’，花白色或微带淡堇色；粉薇‘Rosea’，花粉红色；红薇‘Rubra’，花红色。

紫薇　　　　　　　　　　　　　　　银薇

粉薇 红薇

千屈菜 *Lythrum salicaria* L.

多年生草本；全株密被灰白色绒毛或粗毛，有时近无毛。叶对生或3叶轮生，有时上部叶互生；卵状披针形或宽披针形，基部圆形或心形，全缘，无柄，有时略抱茎。花序穗状；花瓣6，紫红色或玫瑰紫色。花期7～9月。

产中国各省区。北半球广布。悠园、江南园湿地有栽培。

39. 瑞香科（**Thymelaeaceae**）

结香 *Edgeworthia chrysantha* Lindl.

落叶灌木；小枝三叉分枝。单叶互生，长8～20 cm，两面被灰色绢毛。头状花序顶生或侧生，下垂；花先叶开放，芳香；萼筒外部密被丝状毛，内面无毛，黄色，4裂；雄蕊8，排成上下2轮；子房顶部具白色丝状毛。花期冬末春初。

产中国华东、华中、华南及西南地区。日本有分布。比利时园、嘉兴园有栽培。

40. 桃金娘科（Myrtaceae）

南美稔（菲油果）Acca sellowiana (O. Berg) Burret

常绿灌木。单叶对生，叶片椭圆形或倒卵状椭圆形，先端圆钝或微凹，背面灰白色，密被短绒毛，侧脉7~8对，边脉距叶缘2~3 mm；叶柄长5~7 mm。花单生叶腋，花瓣4，外面有灰白色绒毛，内面紫红色；雄蕊多数，排成多列，与花柱略红色。子房下位，4室。浆果卵圆形或长圆形，径约1.5 cm，被灰白色绒毛；具宿存萼片。

原产巴西、巴拉圭、乌拉圭及阿根廷。上海园、西昌园有栽培。

桔香红千层 Callistemon citrinus (Curtis) Skeels

常绿乔木。单叶，螺旋状互生，叶片倒披针形至狭椭圆形，宽5~8 mm，具橘香味，叶脉两面明显。穗状花序，萼齿5，脱落；花瓣5；雄蕊多数，花丝红色，长2.4~2.6 cm；子房下位，3~4室。蒴果。原产澳大利亚。海口园有栽培。

垂枝红千层 Callistemon viminalis (Sol. ex Gaertn.) G. Don ex Loudon

常绿乔木；枝条细长下垂。单叶，螺旋状互生，叶披针形或狭线形，宽3~7 mm。穗状花序下垂；萼齿5，脱落；花瓣5；雄蕊多数，花丝红色，基部合生，长2.5~3 cm。

原产澳大利亚。园博园零星栽培。

桉 *Eucalyptus robusta* Smith

常绿乔木；树皮宿存，深棕色，稍松软。叶互生，成熟叶卵形或卵状披针形，宽 3 ~ 7 cm。伞形花序，花序梗压扁；花具短梗；萼管长 7 ~ 9 mm，帽状体与萼筒近等长；雄蕊多数，长 1 ~ 1.2 cm。蒴果长 1 ~ 1.5 cm，果瓣藏于萼管内。

原产澳大利亚。枫香秋亭景区山体有栽培。

巨尾桉 *Eucalyptus grandis × urophylla*

常绿乔木；树干通直，树皮薄片状脱落。单叶互生，成熟叶卵形或卵状披针形。

为巨桉与尾叶桉的杂交种。澳大利亚布里斯班园、园博园南入口山体有栽培。

溪畔白千层 *Melaleuca bracteata* F. Muell.

常绿小乔木，栽培修剪时呈灌木状。叶线状披针形，长 1 ~ 2.8 cm，宽 1.5 ~ 3 mm；纵脉 5 ~ 11 条；无柄。花丝白色，16 ~ 25 枚成束。果近球形；花萼宿存。

原产澳大利亚。园博园栽培的为其品种：千层金 'Revolution Gold'，嫩叶金黄色，老叶黄绿色。园博园零星栽培。

互叶白千层（澳洲茶树）*Melaleuca alternifolia* (Maiden et Betche) Cheel

常绿小乔木，树皮层层脱落。叶线形，长约 3.5 cm，宽约 1 mm；仅具 1 中脉；叶柄长约 1 mm。穗状花序长 3 ~ 5 cm；花丝白色，30 ~ 60 成束。果杯状，萼片脱落。

原产澳大利亚。湿地花溪景区有栽培。

香桃木 *Myrtus communis* L.

常绿灌木；小枝具四棱。叶芳香，交互对生或 3 叶轮生；叶片卵形至披针形，长 1 ~ 3 cm，全缘，除边缘及中脉被柔毛外，余无毛；叶柄极短。花单生叶腋，稀 2 朵丛生，芳香，被腺毛，花梗细长；萼片 5；花瓣 5，白色或淡红色，被腺毛。

原产地中海地区。园博园栽培的为其品种：花叶香桃木 'Variegata'，叶边缘具不规则黄色斑。上海园、西昌园有栽培。

乌墨 *Syzygium cumini* (L.) Skeels

常绿乔木。叶阔椭圆形至狭椭圆形，具透明腺点，先端圆或钝，侧脉多而密，脉间距 1 ~ 2 mm，边脉具叶缘 1 mm；叶柄长 1 ~ 2 cm。圆锥花序腋生或生于花枝上，稀顶生；花白色，3 ~ 5 朵簇生。果实卵圆形或壶形，长 1 ~ 2 cm。花期 2 ~ 3 月。

产福建、广东、广西、海南及云南，中南半岛、马来西亚、印度、印度尼西亚、澳大利亚等地有分布。海口园有栽培。

蒲桃 *Syzygium jambos* (L.) Aiston

常绿乔木。叶对生，披针形或长圆形，先端长渐尖，基部阔楔形；边脉距叶缘 2 mm；侧脉 12 ~ 16 对，间距 7 ~ 10 mm；叶柄长 6 ~ 8 mm。聚伞花序顶生，花瓣 4，白色；果实球形，肉质，径 3 ~ 5 cm，熟时黄色。花期 3 ~ 4 月，果期 5 ~ 6 月。

产台湾、福建、广东、海南、广西、贵州、云南及四川，菲律宾、马来西亚及亚洲东南部有分布。青山茅庐景区、候鸟湿地景区、海口园有栽培。

水翁 *Syzygium nervosum* DC.

常绿乔木。单叶对生，叶片长圆形至椭圆形，先端急尖或渐尖，两面具透明腺点，侧脉 9 ~ 13 对，脉间相隔 8 ~ 9 mm，边脉离边缘 2 mm；叶柄长 1 ~ 2 cm。圆锥花序生于无叶的老枝上，花无梗，2 ~ 3 朵簇生。浆果阔卵圆形，长 10 ~ 12 mm，直径 10 ~ 14 mm，成熟时紫黑色。

产广东、广西及云南，中南半岛、印度、印度尼西亚及大洋洲有分布。海口园有栽培。

金蒲桃 *Xanthostemon chrysanthus* (F. Muell.) Benth.

常绿乔木。单叶互生，聚生枝顶，披针形或长圆形，长 10 ~ 15 cm。聚伞花序枝顶腋生；萼片、花瓣及子房具油腺点；花瓣 5，黄绿色；花丝金黄色，长约 3 cm。原产地花期几全年，11 月至翌年 2 月最盛。

原产澳大利亚。海口园有栽培。

41. 石榴科（Punicaceae）

石榴 *Punica granatum* L.

落叶乔木或灌木；小枝先端刺状，幼枝具 4 棱。叶常对生，长圆状披针形。花两性，1 ~ 5 朵生于枝顶或腋生。萼筒与子房贴生；花瓣与萼片同数，红色；雄蕊多数，生于萼筒内壁；子房下位，心皮多数。浆果。花期 3 ~ 7 月。

可能原产伊朗至印度，园博园零星栽培。

42. 柳叶菜科（Onagraceae）

粉花月见草 *Oenothera rosea* L'Hér. ex Ait.

多年生草本。茎生叶披针形或长圆状卵形，长1～6 cm，宽4～25 mm。花单生茎枝顶部叶腋，近日出开放；花管长4～10 mm，花瓣粉红色或紫红色，长5～12 mm；柱头围以花药。蒴果具4纵翅。花期5～11月。

原产美国至墨西哥。德国杜塞尔多夫园有栽培。

山桃草 *Gaura lindheimeri* Engelm. et Gray

多年生丛生草本。茎生叶椭圆状披针形或倒披针形，疏生齿突或波状齿，无柄。花序长穗状，日出开花；花瓣4，白色，后粉红色，长1.2～1.5 cm。花期5～8月。

原产北美。西昌园有栽培。

园博园栽培的还有其品种：紫叶千鸟花‘Crimson Butterflies’，叶红色，茎深红色，花粉红色。西昌园有栽培。

三 被子植物 Angiospermae

43. 野牡丹科（Melastomataceae）

巴西野牡丹 *Tibouchina semidecandra* (Mart. et Schrank ex DC.) Cogn.

常绿灌木；小枝4棱形，被紧贴糙伏毛。叶椭圆形或披针形，腹面密被短硬毛，毛的2/3隐藏于表皮下，背面密被糙伏毛；基部楔形；基出脉3。花序顶生，花瓣深紫色或蓝紫色；雄蕊10，5长5短。花期几全年。

原产巴西。常州园有栽培。

44. 八角枫科（Alangiaceae）

八角枫 *Alangium chinense* (Lour.) Harms.

落叶乔木。叶互生，叶片近圆形，基部不对称，不裂或3～7裂，背面脉腋具簇毛；基出脉3～5。聚伞花序腋生；花冠圆筒形，长1～1.5 cm，花瓣6～8，线形，开花后反卷，初白色，后变黄色；雄蕊与花瓣同数；子房2室。核果。

产中国华东、华中、西南及华南地区，东南亚及非洲东部有分布。园博园野生。

45. 蓝果树科（Nyssaceae）

喜树 *Camptotheca acuminata* Decne.

落叶乔木；小枝髓具横隔。叶互生，长圆形或椭圆形，背面疏生柔毛，侧脉11～15对，叶背中脉下部常淡红色。花杂性同株；头状花序组成圆锥花序，顶生或腋生，雌花序在上，雄花序在下。果序具瘦果15～20枚。

产福建、广东、广西、江苏、浙江、江西、湖北、湖南及西南地区。园博园山体野生。

46. 山茱萸科（Cornaceae）

青木 *Aucuba japonica* Thunb.

常绿灌木。叶对生，狭椭圆形至卵状椭圆形，宽5～12 cm；边缘中上部具2～4（6）对疏锯齿或近全缘。花序圆锥状；花单性，雌雄异株，4基数，花暗紫色；子房下位，核果，长约2 cm。

产浙江及台湾，日本、朝鲜有分布。园博园零星栽培。

园博园栽培的还有其品种：花叶青木'Variegata'，叶上面具大小不等的金黄色斑点。

青木

花叶青木

三 被子植物 Angiospermae

红瑞木 *Cornus alba* L.

落叶灌木；小枝鲜红色。叶对生，卵形或椭圆形，背面灰白色，侧脉（4）5（6）对。伞房状聚伞花序顶生，花白色。核果长圆形，熟时乳白色。花期6~7月，果期8~10月。

产中国东北、华北地区，朝鲜、日本、蒙古、俄罗斯及欧洲有分布。北方园林展区有栽培。

欧洲红瑞木 *Cornus sanguinea* L.

落叶灌木；小枝棕色。叶对生，卵形或长圆形，侧脉3（4）对。伞房状聚伞花序顶生，花白色。核果球形，熟时黑色。花期5月，果期9月。

原产欧洲及亚洲西部。上海园有栽培。

山茱萸 *Cornus officinalis* Sieb. et Zucc.

落叶乔木或灌木。叶对生，卵状披针形或卵形，下面脉腋具褐色短柔毛。伞形花序，花序梗长2~5 mm，花瓣黄色。核果熟时红色，长1.2~2 cm，径5~9 mm。花期3~4，果期7~9月。

产中国华北、华中、华东及西南地区，日本及朝鲜有分布。海口园有栽培。

光皮梾木 *Cornus wilsoniana* Wangerin

落叶乔木；树皮片状剥落。叶对生，椭圆形或倒卵状椭圆形，上面疏被伏柔毛，下面被柔毛及疣状突起，侧脉3～4对。聚伞花序圆锥状，顶生，花白色，花托倒钟形，外侧密生伏毛。核果圆球形。花期5月。

产中国西南、华南、东南、华北、华西及华东地区。上海园有栽培。

47. 卫矛科（**Celastraceae**）

冬青卫矛 *Euonymus japonicus* Thunb.

常绿灌木；小枝绿色。叶对生，革质，倒卵形或椭圆形，长3～5 cm，边缘具浅细钝齿。聚伞花序2～3次分枝，花白绿色，4数，花丝长。蒴果近球形，平滑；假种皮橙红色，全包种子。

栽培的品种还有：金边冬青卫矛 'Aureo-marginatus'。

原产日本。园博园常见栽培。

冬青卫矛

冬青卫矛

金边冬青卫矛

扶芳藤 *Euonymus fortunei* (Turcz.) Hand.-Mazz.

常绿藤状灌木，枝具气生根。单叶对生，大小变异较大，边缘齿浅不明显。聚伞花序 3 ~ 4 次分枝，分枝中央具单花；花 4 数，白绿色，花丝细长。蒴果近球形，熟时粉红色。

产中国华中、华东、华南及西南地区。园博园上海园、西昌园、杭州园、美国太空郡园有零星栽培。栽培品种还有：花叶扶芳藤 'Variegatus'，叶边缘具白色斑纹。

扶芳藤　　　　　　　扶芳藤　　　　　　　花叶扶芳藤

48. 冬青科（Aquifoliaceae）

枸骨 *Ilex cornuta* Lindl. et Paxt.

常绿灌木。叶厚革质，无毛，具 1 ~ 3 对硬刺齿。花淡黄绿色，簇生二年生枝叶腋。果球形，熟时红色，分核 4。花期 4 ~ 5 月，果期 10 ~ 12 月。

产中国华东及华中地区。朝鲜有分布。青山茅庐景区、枫香秋亭景区、卧龙石景区及美国太空郡园有栽培。

栽培品种还有：无刺枸骨 'Fortunei'，叶边缘全缘。上海园及青山茅庐景区有栽培。

枸骨　　　　　　　　　　　　　　　　无刺枸骨

齿叶冬青 *Ilex crenata* Thunb.

常绿灌木，小枝密生柔毛。叶小，长 1 ~ 3.5 cm，倒卵形或椭圆形，具钝齿，背面密被腺点。雄花 1 ~ 7 组成聚伞花序；雌花单生；果球形，熟时黑色，分核 4。

产中国华东、华中及华南地区。日本、朝鲜有分布。卧龙石景区、上海园有栽培。

栽培品种还有：龟甲冬青'Convexa'，矮灌木，叶边缘反卷，叶面拱起。卧龙石景区、上海园有栽培。

金叶齿叶冬青'Golden Gem'，叶黄色。上海园有栽培。

柱状齿叶冬青'Fastigiata'，树冠柱状。上海园有栽培。

齿叶冬青

龟甲冬青

金叶齿叶冬青

103

49. 黄杨科（Buxaceae）

黄杨 *Buxus sinica* (Rehd. et Wils.) M. Cheng

常绿灌木；小枝4棱形，被短毛。叶对生，厚革质或革质，卵状椭圆形、宽椭圆形或长圆形，长1.5～3.5 cm，宽0.8～2 cm，先端圆钝，常微凹，基部圆或宽楔形，上面中脉凸起，侧脉不明显，背面中脉基部及叶柄被毛。头状花序腋生。蒴果近球形，直径6～10 mm。花期3月，果期5～6月。

产中国华东、华中、华南、东南、西南地区及辽宁、河北。荟萃园有栽培。

雀舌黄杨 *Buxus bodinieri* Lévl.

常绿灌木；小枝4棱形。叶对生，通常匙形，中脉突起，侧脉两面可见或仅上面可见，叶柄长1～2 mm。头状花序，腋生。蒴果卵球形，直径约5 mm。花期2月，果期3～8月。

产中国华南、华中、西南地区及甘肃。乌克兰切尔卡瑟园、埃及阿斯旺园、青岛园有栽培。

50. 大戟科（Euphorbiaceae）

山麻杆 *Alchornea davidii* Franch.

叶阔卵形或近圆形，基部心形；上面沿叶脉具短柔毛，下面被短柔毛；基部具斑状腺体 2 或 4 个，基出脉 3；小托叶线形。雄花序长 1.5～3.5 cm，苞片卵形，萼片 3（4）；子房被绒毛。蒴果密生绒毛。

主产长江流域地区。巴渝园湖边有野生。

五月茶 *Antidesma bunius* (L.) Spreng.

常绿乔木。单叶互生，长椭圆形、倒卵形或长倒卵形，长 8～23 cm，全缘，叶柄长 3～10 mm。雄花序穗状，顶生；花萼杯状，3～4 裂，雄蕊 3～4；雌花序总状，顶生，长 5～18 cm，子房 1 室，胚珠 2。核果，近球形或椭圆形，直径 8 mm，熟时红色。花期 3～5 月，果期 6～11 月。

产江西、福建、湖南、广东、海南、广西、贵州、云南及西藏，亚洲热带地区至澳大利亚昆士兰有分布。湛江园有栽培。

秋枫 *Bischofia javanica* Bl.

常绿或半常绿乔木。三出复叶，小叶基部宽楔形或钝圆，叶缘锯齿每厘米2～3个。花雌雄异株，圆锥花序，无花瓣；萼片5，离生；雄花雄蕊5；雌花子房上位，3～4室，每室2胚珠。果浆果状，不开裂，圆球形，直径6～13 mm。花期4～5月，果期8～10月。

分布于中国华东、华南、西南及华中南部地区，亚洲东部、东南部至澳大利亚有分布。园博园常见栽培。

重阳木 *Bischofia polycarpa* (Lévl.) Airy Shaw

落叶乔木。三出复叶，小叶基部圆形或浅心形，叶缘锯齿每厘米4～5个。花雌雄异株，总状花序，花序轴纤细而下垂；萼片5，无花瓣；子房3～4室，每室2胚珠，花柱2～3。果浆果状，圆球形，直径5～7 mm。花期4～5月，果期10～11月。

产秦岭、淮河流域以南至华南北部地区。美国太空郡园有栽培。

红背桂花 *Excoecaria cochinchinensis* Lour.

常绿灌木。叶对生，稀兼有互生或近3叶轮生，狭椭圆形至长圆形，长约为宽的3倍；边缘具细锯齿，腹面深绿，背面紫红或血红色；叶柄长3～13mm。雌雄异株，腋生总状花序；雌花序具2～5花。花期几全年。

原产越南。广州园、福州园有栽培。

蓖麻 *Ricinus communis* L.

草质灌木；小枝、叶及花序常被白霜。叶互生，掌状5～11裂，盾状，边缘有锯齿；叶柄顶端及基部具腺体。圆锥花序，雌雄同序，雄花在下，雌花在上；无花瓣；雄花花萼3～5裂，花丝合生成多束。雌花花萼5，子房3室，具软刺；花柱3。蒴果具软刺。花期6～9月或几全年。

原产非洲。广州园旁湖边、现代园林展区有栽培。

园博园栽培品种有：红蓖麻'Sanguineus'，茎、叶柄、幼叶、花序及蒴果红色，老叶绿色。

蓖麻

红蓖麻

107

三 被子植物 Angiospermae

乌桕 *Triadica sebifera* (L.) Small

落叶乔木；有乳汁。单叶互生，全缘，菱形或菱状卵形；叶柄顶端具2腺体。穗状花序顶生，雌雄同序；花黄色，无花瓣，花萼2~3裂；雄蕊2，稀3；雌花子房3室。蒴果；种子具蜡质假种皮。

产黄河以南各省区，北达陕西、甘肃、山东，日本及越南有分布。园博园零星栽培。

油桐 *Vernicia fordii* (Hemsl.) Airy Shaw

落叶乔木。单叶互生，全缘，稀1~3浅裂；叶柄先端具2腺体；掌状脉5条。花单性同株，先叶或与叶同放；花瓣白色，有淡红色脉纹，雄花雄蕊8~12；雌花子房3~5室。核果平滑，无棱。花期4~5月。

产中国华东、华中、华南及西南地区，越南有分布。园博园山体野生。

51. 鼠李科（Rhamnaceae）

枣 *Ziziphus jujuba* Mill.

落叶小乔木；具长枝与短枝，托叶刺2枚，长刺直，短刺下弯；当年生小枝单生或2~7簇生短枝。叶卵形、卵状椭圆形。聚伞花序腋生，花序梗极短。核果长圆形，径1.5~2 cm，熟时红色，中果皮味甜，果核顶端尖。花期5~7月，果期8~9月。

产中国东北、华北、西北、华东、华中、华南及西南地区。北方园林展区有栽培。

52. 葡萄科（Vitaceae）

地锦（爬山虎）*Parthenocissus tricuspidata* (Sieb. et Zucc.) Planch.

落叶木质藤本。卷须5~9分枝，顶端膨大呈吸盘状。叶基部者3深裂或三出复叶，上部叶3浅裂或不裂，两面无毛或下面脉上有短柔毛。花两性，5基数，组成圆锥状或伞房状聚伞花序。浆果。

产中国东北、华东地区，朝鲜及日本有分布。园博园常见栽培。

葡萄 *Vitis vinifera* L.

落叶木质藤本。卷须2叉分枝。叶3~5掌状分裂，叶缘有粗牙齿，背面疏生柔毛。聚伞圆锥花序多分枝，花杂性异株，5基数；萼杯状；花瓣顶端黏合，凋谢时帽状脱落；子房2室。浆果，种子与果肉易分离。果期8~9月。

原产亚洲西部。乌鲁木齐园、喀什园、彰化园有栽培。

53. 无患子科（Sapindaceae）

龙眼 *Dimocarpus longan* Lour.

常绿乔木。一回偶数羽状复叶；小叶4～5对，全缘；两面无毛。花雌雄同株，花序被星状毛；花萼5深裂；花瓣5；雄花雄蕊8；雌花子房2室，每室1胚珠。核果，微被小瘤体；种子具肉质假种皮。花期春夏季，果期夏季。

产广东、广西、海南及云南。茂名园有栽培。

复羽叶栾树 *Koelreuteria bipinnata* Franch.

落叶乔木。二回羽状复叶，小叶有锯齿或全缘。聚伞圆锥花序顶生，花杂性；花瓣4，黄色，基部紫色；雄蕊8；子房3室，每室2胚珠。蒴果椭圆形或宽卵形，顶端圆或钝，果皮薄，室背3裂。花期7～9月，果期8～10月。

产中国西南、华南及华中地区。园博园常见栽培。

无患子 *Sapindus saponaria* L.

落叶乔木。一回偶数羽状复叶，小叶5～8对，全缘，两面无毛或下面被微毛。圆锥花序顶生；花辐射对称，花瓣5，基部具长爪，内侧基部有2耳状鳞片；雄蕊8；子房3室，每室1胚珠，核果。种子无假种皮。花期春季，果期秋季。

产华中、华东、华南至西南地区，日本、朝鲜、中南半岛及印度有分布。园博园常见栽培。

川滇无患子 *Sapindus delavayi* (Franch.) Radlk.

落叶乔木。一回偶数羽状复叶，全缘，小叶4～7对，上面中脉及侧脉被柔毛，下面被疏柔毛或无毛。花两侧对称，花瓣常为4，无爪，内侧基部有1大鳞片；雄蕊8；子房3室，核果。花期夏初，果期秋末。

产云南、四川、贵州、湖北及陕西。运动休闲区有栽培。

111

三 被子植物 Angiospermae

54. 七叶树科（**Hippocastanaceae**）

七叶树 *Aesculus chinensis* Bunge

落叶乔木；小枝粗壮，无毛。掌状复叶对生，具 5 ~ 7 小叶，小叶具柄，背面无毛。聚伞圆锥花序，顶生，花杂性；花萼 5 裂；花瓣 4，白色；雄蕊 6。蒴果近球形，径 3 ~ 4 cm，无刺，密被斑点。花期 4 ~ 5 月，果期 10 月。

产甘肃、陕西、河南、湖北、湖南及四川。郑州园、西宁园有栽培。

55. 槭树科（**Aceraceae**）

三角槭 *Acer buergerianum* Miq.

落叶乔木。叶对生，3 裂或不裂，全缘或上部疏生锯齿，背面被白粉。伞房花序顶生，花瓣 5，黄白色。翅果，小坚果明显凸起，翅长 2.5 ~ 3 cm，两翅近直立或成锐角。

产中国西南、华东、华中及东南地区。日本有分布。园博园常见栽培。

罗浮槭 *Acer fabri* Hance

常绿乔木。叶对生，披针形或矩圆状披针形，长 7 ~ 11 cm，宽 2 ~ 3 cm；边缘全缘，两面无毛或下面脉腋具簇毛；侧脉 4 ~ 5 对。圆锥花序。翅果张开成钝角，幼时紫色。

产广东、广西、江西、湖北、湖南、四川及重庆。青山茅庐景区有栽培。

鸡爪槭 *Acer palmatum* Thunb.

落叶乔木。叶掌状 7 ~ 9 深裂，边缘有重锯齿；背面脉腋被白色丛毛。伞房花序，花紫色；雄花与两性花同株；萼片、花瓣 5；子房无毛。翅果长 2 ~ 2.5 cm，两翅张开成钝角。

原产日本及朝鲜。园博园常见栽培。

园博园栽培的品种还有：

紫红叶鸡爪槭 'Atropurpureum'，又称红枫，枝、叶紫红色。园博园常见栽培。

细叶鸡爪槭 'Dissectum'，又称羽毛枫，枝开展下垂；叶 7 ~ 11 深裂，裂片羽状深裂。园博园常见栽培。

鸡爪槭

鸡爪槭

红细叶鸡爪槭 'Dissectum Ornatum'，叶似细叶鸡爪槭，但终年紫红色。北京园、候鸟湿地景区、湿地花溪景区有栽培。

紫红叶鸡爪槭

细叶鸡爪槭

红细叶鸡爪槭

毛脉槭 *Acer pubinerve* Rehd.

落叶乔木。叶对生，5裂，裂片边缘具锯齿，背面沿叶脉具柔毛。圆锥花序；花杂性，雄花与两性花同株；萼片5，淡紫色；花瓣5，白色；雄蕊8；子房被柔毛。翅果，小坚果凸起，张开成钝角或近于水平。花期4月。

产浙江、福建、安徽及江西。龙景书院景区有栽培。

元宝槭 *Acer truncatum* Bunge

落叶乔木。叶掌状5（7）深裂，基部平截，裂片全缘，背面无毛。伞房花序，花黄或白色，萼片、花瓣5；子房无毛。小坚果果核扁平，脉纹明显，翅与小坚果近等长，两翅成钝角。

产中国东北、华北、华西及华东地区。朝鲜有分布。青山茅庐景区、上海园有栽培。

56. 漆树科（Anacardiaceae）

毛黄栌 *Cotinus coggygria* Scop. var. *pubescens* Engl.

落叶灌木。单叶互生，全缘，叶片阔椭圆形，稀圆形，叶柄、叶背尤其沿脉密被柔毛；圆锥花序顶生，花杂性，花序无毛或近无毛。花萼、花瓣、雄蕊均为5；心皮3，子房偏斜，1室1胚珠。核果。

产中国西南、华中、华东及华北地区。亚洲西南部及欧洲有分布。枫香秋亭景区、湿地花溪景区有栽培。

黄连木 *Pistacia chinensis* Bunge

落叶乔木；小枝及叶具强烈气味。偶数羽状复叶；小叶5～7对，全缘，基部偏斜，侧脉两面凸起。圆锥花序腋生，雌雄异株，无花瓣；雄花花萼1～5裂，雄蕊3～5；雌花花萼2～10裂，心皮3，子房1室1胚珠。核果。

产长江流域以南及华北、西北各省区。国际园林展区、主展馆旁零星栽培。

盐麸木 *Rhus chinensis* Mill.

落叶乔木。小枝、叶柄、叶轴、叶背及花序被柔毛。一回奇数羽状复叶，叶轴具叶状宽翅；小叶 3 ~ 6 对，边缘具粗锯齿，背面粉绿色，被白粉。圆锥花序顶生，5 基数；花白色。核果熟时红色。花期 8 ~ 9 月，果期 10 月。

中国除东北、内蒙古及新疆外均有分布，东亚及东南亚有分布。园博园山体野生。

火炬树 *Rhus typhina* L.

落叶灌木或小乔木。小枝、叶柄、叶轴、叶背沿脉、花序及果密生柔毛。一回奇数羽状复叶，叶轴无翅；小叶常 9 ~ 11 对，边缘有锯齿。果深红色。花期 7 ~ 8 月，果期 9 ~ 10 月。

原产北美。园博园多处边坡有栽培。

野漆 *Toxicodendron succedaneum* (L.) O. Kuntze

落叶乔木；小枝无毛。一回奇数羽状复叶，小叶4～7对，全缘；两面无毛，背面常被白粉。圆锥花序腋生，长不超过叶长之半，多分枝；花5基数。核果。

产中国华北及长江以南各省，印度、中南半岛、朝鲜及日本有分布。青山茅庐景区、枫香秋亭景区山体野生。

57. 苦木科（Simaroubaceae）

臭椿 *Ailanthus altissima* (Mill.) Swingle

落叶乔木。一回奇数羽状复叶；小叶6～13对，全缘，仅基部两侧各具1或2个粗锯齿，齿背有腺体1枚。圆锥花序腋生，花淡绿色；萼片、花瓣5；雄蕊10；心皮5。翅果；种子位于翅的中间。花期4～5月，果期8～10月。

中国除黑龙江、吉林、新疆、青海、宁夏、甘肃和海南外，其余各地均有分布。候鸟湿地景区、运动广场边坡、东莞园有栽培。

苦树 *Picrasma quassioides* (D. Don) Benn.

落叶乔木；全株有苦味。一回奇数羽状复叶；小叶9～15，边缘具粗锯齿。花雌雄异株，聚伞花序腋生；萼片、花瓣通常5；雄蕊5，与萼片对生；心皮2～5，分离，每心皮有1胚珠。核果。花期4～5月，果期6～9月。

产黄河流域及其以南各省，东亚及南亚有分布。园博园山体野生。

三被子植物 Angiospermae

58. 楝科（Meliaceae）

米仔兰 *Aglaia odorata* Lour.

常绿灌木。一回奇数羽状复叶，叶轴具窄翅；小叶 3 ～ 7（9），长 2 ～ 7 cm，宽 1 ～ 3.5（5）cm；小叶对生，先端钝，全缘，两面无毛。圆锥花序腋生，花小，黄色，芳香。浆果，熟时红色。花期夏季。

产广东、海南及广西。园博园栽培的为其品种：小叶米仔兰 'Microphyllina'，小叶 5 ～ 7（9），长 4 cm 以下，宽 8 ～ 15 mm。福州园有栽培。

麻楝 *Chukrasia tabularis* A. Juss.

落叶乔木。一回偶数羽状复叶，小叶 5 ～ 8 对，全缘。圆锥花序顶生；花萼 4 ～ 5 裂；花瓣 4 ～ 5，黄色或带紫色；雄蕊花药 10；子房具短柄，3 ～ 5 室，被毛。蒴果，3 ～ 4 瓣裂，种子下端具翅。花期 4 ～ 5 月，果期 7 月至翌年 1 月。

产中国华南及西南地区，南亚及东南亚有分布。汕头园有栽培。

香椿 *Toona sinensis* (A. Juss.) Roem.

落叶乔木。一回偶数羽状复叶，小叶 8 ～ 10 对，全缘或疏生细齿；两面无毛。聚伞圆锥花序顶生；花萼 5 齿裂；花瓣 5，白色；雄蕊 10，5 枚发育，5 枚退化；子房及花盘无毛。蒴果 5 瓣裂，种子上端具翅。花期 6 ～ 7 月，果期 10 ～ 11 月。

产中国除东北和西北以外大部分地区。候鸟湿地景区有栽培。

楝（苦楝） *Melia azedarach* L.

　　落叶乔木。二至三回奇数羽状复叶，小叶全缘或具钝齿。圆锥花序腋生，花萼5深裂；花瓣5，白色或淡紫色；花丝筒紫色，花药10；子房5～8室。核果球形或椭圆形。花期4～5月，果期10～11月。

　　产黄河流域以南各省。悠园、候鸟湿地景区及园博园山体有栽培。

59. 芸香科（Rutaceae）

金柑 *Citrus japonica* Thunb.

　　常绿小乔木或灌木。单身复叶全缘或中上部具细齿；叶柄具窄翅。花单生或簇生；花萼4～5裂，花瓣5，雄蕊约20，花丝合生成4～5束；子房3～4室。柑果，球形或椭圆形，径1.5～2.5 cm。花期4～5月，果期11月至翌年2月。

　　产中国华东及华南地区。

三　被子植物 Angiospermae

柚 *Citrus maxima* (Burm.) Merr.

常绿乔木。幼枝、叶下面、花梗、花萼及子房被柔毛。单身复叶，叶宽卵形或椭圆形，边缘疏生浅齿，叶柄翅长2～4 cm，宽0.5～3 cm。总状花序，稀单花腋生。柑果，径10 cm以上，果皮淡黄至黄绿色。花期4～5月，果期9～12月。

原产亚洲东南部。悠园、淮安园、荆州园、韩国济州园有栽培。

柑橘（橘子） *Citrus reticulata* Blanco

常绿小乔木。单身复叶，叶柄翅窄或仅有痕迹；叶披针形、椭圆形或阔卵形，上部常具齿，稀全缘，无毛。花单生叶腋或2～3花簇生，花瓣白色，雄蕊20～25。柑果，扁球形，果皮易剥离。花期4～5月，果期9～12月。

可能原产中国台湾及琉球群岛。湿地花溪景区有栽培。

甜橙 *Citrus × sinensis* (L.) Osbeck

常绿小乔木。单身复叶，叶柄翅窄或具痕迹，叶卵形或卵状椭圆形，全缘或具不明显齿，无毛。总状花序少花，或兼有腋生单花。果扁球形或椭圆形，果皮难剥离或稍易剥离。花期3～5月，果期10～12月。

秦岭以南各地广泛栽培。淮安园有栽培。

枳 *Citrus trifoliata* L.

落叶小乔木或灌木。小枝绿色，稍扁，密生枝刺。三出复叶，叶柄具窄翅，小叶边缘具细锯齿或全缘。花单生或成对腋生，先叶开放；花瓣常5，白色，无毛；雄蕊常20；子房6～8室。果球形，径3～6 cm，密被短绒毛。

产中国除东北及西北以外大部分地区。荟萃园山坡有栽培。

九里香 *Murraya paniculata* (L.) Jack

常绿灌木或小乔木。一回羽状复叶，小叶2～7，具透明油腺点，全缘或波状。花两性，花瓣5，白色，芳香，长1～2 cm，花时反折，具透明油点。浆果，卵形或狭椭圆形，橙黄至朱红色。花期4～9月，果期9～12月。

产中国华南地区以及台湾、福建、贵州及云南，东南亚、南亚、新几内亚、澳大利亚及太平洋群岛有分布。韶关园有栽培。

竹叶花椒 *Zanthoxylum armatum* DC.

落叶灌木或小乔木。羽状复叶，小叶3～9，叶柄、叶轴具窄翅；小叶疏生浅齿或近全缘，齿缝或叶缘具油腺点；背面沿中脉基部两侧具柔毛。花被片6～8，1轮。蓇葖果紫红色，疏生微凸油腺点。花期4～5月，果期8～10月。

产中国西南、华南、华中及华东地区，南亚、东南亚及东亚有分布。候鸟湿地景区有野生。

60. 酢浆草科（Oxalidaceae）

关节酢浆草 *Oxalis articulata* Savigny

多年生草本；地下具粗短块茎。叶基生，掌状三出复叶，小叶宽倒心形，先端凹缺，两侧角圆，两面及叶柄疏被长柔毛。聚伞花序，花序梗长 10 ~ 40 cm；萼片先端具腺体；花瓣淡紫或紫红色。花期 3 ~ 12 月。

原产南美洲。温州园有栽培。

三角紫叶酢浆草 *Oxalis triangularis* A. St.-Hil.

多年生草本，地下具鳞茎。叶基生，掌状三出复叶，小叶紫红色，三角形，先端近平截。伞形花序，花瓣白、粉白或淡紫色。花期夏季。原产美洲。上海园有栽培。

61. 牻牛儿苗科（Geraniaceae）

天竺葵 *Pelargonium* × *hortorum* Bailey

多年生草本。茎直立，连同叶柄、花序梗及花梗被柔毛及腺毛。叶互生，圆形或肾形，边缘浅裂，具圆齿，两面被柔毛，腹面具暗紫色马蹄形环纹。伞形花序腋生，花瓣5，红、橙、粉、白等色。花期几全年。

原产南非。江南园林展区有栽培。

62. 五加科（Araliaceae）

熊掌木 ×*Fatshedra lizei* (Hort. ex Cochet) Guillaumin

常绿半蔓性灌木。叶互生，掌状浅裂，裂片5，全缘；叶柄长5～20 cm。花淡黄白色，不育。

为洋常春藤与八角金盘的杂交种。园博园零星栽培。

栽培的品种还有：斑叶熊掌木 'Variegata'，叶边缘具不规则的乳白色斑纹。上海园有栽培。

熊掌木

斑叶熊掌木

八角金盘 *Fatsia japonica* (Thunb.) Decne. et Planch.

常绿灌木。叶掌状（5）7～9（11）深裂，幼时被绒毛，老叶两面无毛；裂片边缘具圆钝锯齿。伞形花序组成顶生圆锥花序；花瓣5，雄蕊5，子房5室，花柱5。

原产日本。园博园常见栽培。

洋常春藤 *Hedera helix* L.

常绿木质藤本；常有气生根；幼枝、叶柄及花梗均被灰白色星状毛。单叶，全缘或掌状分裂。伞形花序 2 ~ 7 排成圆锥状，稀单生；花两性，花瓣 5；雄蕊 5，子房 5 室，花柱合生。核果。

原产欧洲。贵阳园、美国韦恩郡园有栽培。

幌伞枫 *Heteropanax fragrans* (Roxb.) Seem.

常绿乔木。三至五回羽状复叶，叶柄、叶轴无毛；小叶椭圆形，全缘。花杂性，伞形花序组成顶生圆锥花序；花瓣 5，雄蕊 5，子房 2 室，花柱 2，离生。核果，卵球形。

产云南、广西、广东及海南。印度、不丹、孟加拉、缅甸和印度尼西亚有分布。海口园、柳州园有栽培。

辐叶鹅掌柴 *Schefflera actinophylla* (Endl.) Harms

常绿灌木；全株无毛。掌状复叶，小叶 9 ~ 16，长圆形或长椭圆形，全缘，小叶柄长 4 ~ 7 cm。伞形花序排成顶生伞房状圆锥花序；花无梗；花瓣 11 ~ 13，外面淡紫红色，内面白色；子房 11 ~ 13 室。

原产亚洲东南部及澳大利亚。厦门园有栽培。

鹅掌藤 *Schefflera arboricola* (Hayata) Merr.

蔓性灌木；小枝及叶无毛。掌状复叶，小叶 7 ～ 9，倒卵状长圆形，全缘，小叶柄长 15 ～ 35 mm。伞形花序组成顶生圆锥花序，花序轴及花梗被星状毛，花梗长 1.5 ～ 3.5 mm；花瓣 5 ～ 6，白色；子房 5 ～ 6 室。

产台湾及海南。园博园常见栽培。

园博园栽培的品种还有：花叶鹅掌藤 'Variegata'，叶有不规则黄色斑纹。

鹅掌藤

花叶鹅掌藤

63. 伞形科（Apiaceae）

欧洲天胡荽 *Hydrocotyle vulgaris* L.

多年生水生草本，地下茎发达。叶盾状，叶片圆形，边缘具波状钝齿，叶柄细长，无鞘。伞形花序多层；花具梗。双悬果，果侧扁。

原产南美洲。园博园部分水体有栽培。

64. 马钱科（Loganiaceae）

灰莉 *Fagraea ceilanica* Thunb.

常绿灌木；全株无毛。单叶对生，叶椭圆形、倒卵形或卵形，稍肉质；叶柄长 1 ~ 5 cm，基部具鳞片状托叶。花单生或为二歧聚伞花序，花冠漏斗状，裂片 5，白色芳香。浆果，长 3 ~ 5 cm，具尖喙。花期 4 ~ 8 月，果期 7 月至翌年 3 月。

产台湾、广东、海南、广西及云南，印度及东南亚各国有分布。海口园、广州园、英国园有栽培。

65. 夹竹桃科（Apocynaceae）

夹竹桃 *Nerium oleander* L.

常绿灌木；具水液。单叶，常 3 叶轮生，稀对生，窄椭圆状披针形，侧脉密生而平行。伞房状聚伞花序顶生；花冠漏斗状，裂片 5，向右覆盖，红色；副花冠裂片 5，花瓣状，流苏状撕裂；心皮 2，离生。蓇葖果 2，离生。花期春至秋季。

原产亚洲、欧洲及北美洲。园博园江南园林展区边坡大量栽培，其他区域零星栽培。

园博园栽培的品种还有：白花夹竹桃‘Album’，花单瓣，白色；重瓣夹竹桃‘Plenum’，花重瓣，粉红色；白花重瓣夹竹桃‘Album-plenum’，花重瓣，白色。

白花夹竹桃

重瓣夹竹桃

白花重瓣夹竹桃

络石 *Trachelospermum jasminoides* (Lindl.) Lem.

木质藤本；具乳汁。叶对生，无毛或背面疏被短柔毛。聚伞花序顶生或腋生；花序梗被柔毛；花冠白色，冠筒中部膨大，裂片5，向右覆盖；雄蕊5，着生花冠筒中部；心皮2，离生。蓇葖双生；种子顶端具毛。花期3～8月。

产河北、陕西及华东、华中、华南及西南地区，日本、朝鲜及越南有分布。原种园博园无栽培，上海园栽培的有两个品种：彩叶络石'Tricolor'，新叶粉红色，成熟时白色而具绿色斑点，冬天青铜色。变色络石'Variegatum'，叶具淡黄色或黄绿色斑纹，冬季淡红色。

彩叶络石

变色络石

蔓长春花 *Vinca major* L.

蔓性半灌木；具水液。茎下垂或匍匐。单叶对生，全缘，叶腋及叶腋间具腺体。花1～2朵腋生，花梗长3～5 cm，花萼裂片具缘毛；花冠高脚碟状，蓝紫色；裂片向左覆盖。蓇葖果2,种子无毛。花期3～5月。

原产欧洲。园博园栽培的品种还有：花叶蔓长春花'Variegata'，叶边缘白色，叶面绿色而有黄白色斑。温州园、青岛园有栽培。

三 被子植物 Angiospermae

66. 茄科（Solanaceae）

鸳鸯茉莉 *Brunfelsia brasiliensis* (Spreng.) L. B. Sm. et Downs

常绿灌木。单叶互生，全缘。花单生或成聚伞花序，芳香；花梗长约 1 cm；花萼宽钟状，长 1.2 cm，5 齿裂；花冠漏斗状，淡紫色，后渐变蓝色至白色；雄蕊 4，内藏；子房上位，2 室，胚珠多数。蒴果浆果状。花期 4 ~ 10 月。

原产南美洲。成都园、福州园有栽培。

大花木曼陀罗 *Brugmansia suaveolens* (Humb. et Bonpl. ex Willd.) Bercht. et J. Presl

落叶灌木。单叶互生；叶全缘或浅波状，两面被柔毛。花萼管状，先端 5 裂，萼筒口部直径约为该处花冠筒直径的 2 倍；花冠长漏斗状，白色；雄蕊 5，花药纵裂；子房 2 室。蒴果无刺，裂。花期 3 ~ 5 月。

原产巴西。成都园有栽培。

金杯藤 *Solandra maxima* (Sessé et Moc.) P. S. Green

常绿蔓性灌木。单叶互生，全缘，无毛。花单生枝顶，两性，花梗具瘤；花萼长 4 ~ 7 cm，萼筒具 5 棱；花冠杯状，长 15 ~ 25 cm，黄色或淡黄色，具香气，外面具 5 条绿色、内面具 5 条紫色纵肋纹；雄蕊 5；子房 4 室。浆果。花期春、夏季。

原产墨西哥。厦门园有栽培。

珊瑚樱 *Solanum pseudocapsicum* L.

灌木，全株无毛。叶窄长圆形或披针形，全缘或波状。花单生，稀成对或短总状花序，花序梗极短或无。花白色。浆果幼时绿色，熟时橙红色。花期初夏，果期秋末。

原产南美洲。园博园零星栽培。

67. 旋花科（Convolvulaceae）

马蹄金 *Dichondra micrantha* Urban

多年生匍匐草本。茎细长，节上生根。叶互生，全缘，圆形或肾形，先端圆或微凹，基部心形，叶柄长3～5 cm。花单生叶腋；花冠黄色，5裂至中部；雄蕊5，内藏；子房2深裂，2室。蒴果。

产中国华东、华南、华中及西南地区，日本、朝鲜、泰国、北美、南美及太平洋岛屿有分布。西部园林展区有栽培。

68. 花葱科（Polemoniaceae）

针叶天蓝绣球 *Phlox subulata* L.

多年生草本；茎丛生，铺散。叶对生或簇生，钻状或线形，长1～1.5 cm，全缘，被缘毛。聚伞花序顶生，少花，被短柔毛。花冠淡红、紫、粉红或白等色，裂片5，先端凹。花期6～8月。

原产北美东部。园博园上海园有栽培。

69. 紫草科（Boraginaceae）

基及树（福建茶）*Carmona microphylla* (Lam.) G. Don

常绿灌木，幼枝疏被短硬毛。单叶互生，短枝簇生，倒卵形或匙形，叶缘上部具牙齿，两面疏被短硬毛。聚伞花序腋生或生于短枝，花萼5深裂，两面被毛；花冠钟状，白或淡红、紫红色，裂片5，喉部无附属物；花柱2裂近基部，宿存。花果期11月至翌年4月。

产广东、海南及台湾，印度尼西亚、日本及澳大利亚有分布。清远园有栽培。

厚壳树 *Ehretia acuminata* (DC.) R. Br.

落叶乔木，小枝无毛。单叶互生，椭圆形或长圆状倒卵形，长5～12 cm，基部宽楔形，具不整齐细锯齿，齿尖内弯，上面无毛，下面疏被毛。圆锥状聚伞花序顶生，花小，白色。核果球形，熟时黄色，径3～4 mm，具2分核，每分核2种子。花、果期4～6月。

产中国华东、华南、华中、东南及西南地区，日本、印度尼西亚、越南、印度、不丹及澳大利亚有分布。青岛园有栽培。

70. 马鞭草科（Verbenaceae）

红萼龙吐珠 *Clerodendrum* × *speciosum* Dombrain

常绿蔓性灌木。小枝四棱形，密生短柔毛。单叶对生，全缘，背面沿脉疏被短柔毛，密生腺点；三出脉。花序伞房状，花序梗长 4 ~ 6 cm；花萼淡紫红色或红色，中部膨大，具 5 棱，长 1 ~ 1.3 cm，裂片边缘疏被柔毛；花冠红色，外面密生腺点；花丝淡红色。花、果期 2 ~ 11 月。

园艺杂交种，系红龙吐珠与龙吐珠杂交而成。西昌园、厦门园有栽培。

假连翘 *Duranta erecta* L.

常绿灌木；枝具皮刺。叶卵形或披针形，全缘或中上部疏生锯齿，被柔毛。总状花序顶生或腋生，花常偏向一侧；花冠蓝紫色。核果球形，熟时橙黄色。花、果期 5 ~ 10 月，南方几全年。

原产美洲热带。园博园栽培的为其品种：

金边假连翘 'Golden Edge'，叶边缘黄色。美国旧金山园有栽培。

金叶假连翘 'Golden Leaves'，叶常年金黄色。烟台园有栽培。

假连翘

金边假连翘

金叶假连翘

马缨丹 *Lantana camara* L.

常绿灌木；有强烈气味。茎沿棱具下弯皮刺。单叶对生，有锯齿，叶长 3～8.5 cm。头状花序顶生或腋生。花冠 4～5 裂，黄或橙黄色，花后深红色；雄蕊 4，着生花冠筒中部；子房 2 室，每室 1 胚珠。核果，具 2 分核。花期几全年。

原产美洲热带。卧龙石景区、海口园有栽培。

蔓马缨丹 *Lantana montevidensis* Briq.

常绿蔓性灌木。茎无刺。叶卵形，长 1.5～3.5 cm。花粉红而带青紫色。花果期几全年。

原产南美洲。卧龙石景区有栽培。

柳叶马鞭草 *Verbena bonariensis* L.

多年生草本；全株具毛。叶长圆状披针形或卵状披针形，边缘具锐锯齿；叶无柄，基部半抱茎。花序伞房状，穗状花序密集成团；苞片等长或稍长于花萼，花冠淡紫色或蓝紫色。花期6～10月。

原产南美洲。西昌园、上海园有栽培。

黄荆 *Vitex negundo* L.

落叶灌木或小乔木。掌状复叶对生，小叶（3）5，全缘或具少数粗齿，背面密被绒毛。圆锥花序顶生；花萼具5齿，外面被绒毛；花冠二唇形，淡蓝色；雄蕊4；子房2～4室，每室1～2胚珠。核果。花期4～6月。

产长江以南各省，北达秦岭及淮河地区。非洲、亚洲及太平洋岛屿有分布。园博园野生或零星栽培。

三 被子植物 Angiospermae

71. 唇形科（Lamiaceae）

匍匐筋骨草 *Ajuga reptans* L.

多年生蔓生草本。叶椭圆形或卵形，先端钝，基部下延，边缘具圆齿，近无毛。花茎直立，花序穗状，萼齿5，近整齐；花冠蓝色，二唇形，上唇直立，2裂，下唇3裂，中裂片大，2裂；子房4浅裂。

原产欧洲、亚洲及非洲。园博园栽培的为其品种：

紫叶筋骨草‘Atropurpurea’，叶暗紫色或紫绿色。泰国清迈园、德国杜塞尔多夫园有栽培。

迷迭香 *Rosmarinus officinalis* L.

常绿灌木。叶簇生，线形，全缘，边缘外卷，宽1～2 mm。花近无梗，对生，组成总状花序。花萼二唇形，具11脉；花冠二唇形，蓝紫色；雄蕊2，花丝中下部具小齿，药室平行，仅1室发育。小坚果，具一油质体。花期11月。

原产欧洲及北非地中海沿岸。上海园有栽培。

72. 醉鱼草科（**Buddlejaceae**）

大叶醉鱼草 *Buddleja davidii* Franch.

落叶灌木。小枝略具四棱，幼枝、叶下面及花序密被星状毛。叶对生，边缘具细齿，托叶卵形或半圆形。总状或圆锥状聚伞花序顶生，花紫红色，花冠筒长 6 ～ 11 mm，内面被星状短毛，裂片全缘或具锯齿；雄蕊生花冠筒中部；子房无毛。花期 5 ～ 10 月。

产中国西南、华中、华东、华南地区及甘肃，日本有分布。园博园山体野生。

密蒙花 *Buddleja officinalis* Maxim.

落叶灌木。小枝略 4 棱。小枝、叶下面及花序密被星状毛。叶对生，常全缘，叶柄间具托叶线痕。聚伞花序圆锥状；花冠白色或淡紫色，喉部橘黄色，花冠筒长 8 ～ 11 mm；雄蕊生花冠筒中部；子房上部被星状毛。花期 2 ～ 4 月。

产中国华东、华中、西南及华南地区，不丹、缅甸及越南有分布。园博园山体野生。

73. 木犀科（Oleaceae）

连翘 *Forsythia suspensa* (Thunb.) Vahl

落叶灌木。小枝髓中空。单叶对生，有时3裂或3出复叶；叶片卵形、阔卵形或卵状椭圆形，两面无毛，基部圆形至楔形。花单生或簇生叶腋，花萼4深裂，裂片边缘具睫毛；花冠黄色，4深裂；雄蕊2。蒴果，疏生皮孔。花期3~4月。

产中国华北、西北、华东、华中及西南地区。园博园栽培的为其品种：

金叶连翘 'Aurea'，叶金黄色。上海园有栽培。

金钟花 *Forsythia viridissima* Lindl.

落叶灌木。枝髓片状。单叶对生，长椭圆形或长圆形，基部楔形，上半部具锐锯齿或粗锯齿，稀近全缘。花1~3朵腋生，花萼裂片长2~4 mm，边缘具睫毛。蒴果具皮孔。花期3~4月。

产中国华东、华中及西南地区。贵阳园、运动休闲区有栽培。

湖北梣（对节白蜡）*Fraxinus hupehensis* S. Z. Qu, C. B. Shang et P. L. Su

落叶乔木。叶对生，一回奇数羽状复叶，叶轴具窄翅，小叶7～9，着生处具关节，边缘具细锐锯齿，小叶柄长3～4 mm。花杂性，密集成短聚伞花序，无花冠；雄蕊2；翅果，顶端具翅。

特产湖北。荆州园、荆门园、长沙园及国际园林展区有栽培。

野迎春 *Jasminum mesnyi* Hance

常绿或半常绿灌木。小枝下垂，四棱形。叶对生，三出复叶，两面无毛。花单生叶腋，花叶同放；花萼、花冠裂片6～8，花冠黄色，花冠裂片长于花冠管。花期3～4月。

产云南、贵州及四川。园博园常见栽培。

三 被子植物 Angiospermae

迎春花 *Jasminum nudiflorum* Lindl.

落叶灌木。小枝下垂，四棱形。叶对生，三出复叶。花单生于去年生小枝叶腋，先叶开放；花冠鲜黄色，通常6裂，裂片短于花冠管。花期2～4月。

分布于中国华北、西北至西南地区。青岛园、石家庄园有栽培。

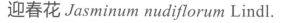

浓香茉莉 *Jasminum odoratissimum* L.

常绿灌木或蔓生状。小枝具棱，无毛。叶互生，羽状复叶，小叶 5 ~ 7，卵形或椭圆状卵形，全缘，两面无毛。聚伞花序顶生，花萼裂片三角形，长约为萼筒的 1/3；花冠黄色，冠筒长为裂片的 2 ~ 3 倍。花期 5 ~ 6 月。

原产大西洋岛屿。上海园有栽培。

茉莉花 *Jasminum sambac* (L.) Ait.

常绿灌木。单叶对生。聚伞花序顶生或近顶腋生，花 1 ~ 3 朵，极芳香；花萼 7 ~ 9 裂，裂片线形；花冠白色。花期 5 ~ 8 月。

原产印度。福州园有栽培。

日本女贞 *Ligustrum japonicum* Thunb.

常绿灌木；全株无毛。单叶对生，叶厚革质，椭圆形或卵状椭圆形，长 5 ~ 8 cm，主脉常呈红色。圆锥花序顶生，花序轴及分枝具棱，花梗长不及 2 mm，花冠 4 裂，冠筒较裂片稍长或近等长；雄蕊 2。核果。

原产日本及朝鲜半岛。园博园栽培的为其两个品种：

金森女贞 'Howardii'，新叶黄绿色，中央具绿色斑。园博园零星栽培。

得克萨斯日本女贞 'Texanum Variegatum'，叶中央绿色，边缘具黄色或淡黄色斑。
上海园有栽培。

女贞 *Ligustrum lucidum* Ait.

常绿乔木；全株无毛。单叶对生，叶卵形，质软而脆，长 6 ~ 17 cm，宽 3 ~ 8 cm。圆锥花序顶生，花冠 4 裂，冠筒与裂片近等长。核果肾形，被白粉。花期 5 ~ 7 月，果期 7 月至翌年 5 月。

产长江以南至华南、西南各省，向西北分布至陕西、甘肃。园博园常见栽培。

小叶女贞 *Ligustrum quihoui* Carr.

半常绿灌木。小枝及叶疏被毛。单叶对生，叶背中脉无毛。圆锥花序顶生，花近无梗，花冠裂片与花冠筒近等长。核果近球形。花期 5 ~ 7 月。

产中国华北、华东、华中、西南地区。园博园零星栽培。

小蜡 *Ligustrum sinense* Lour.

落叶或半常绿灌木。小枝被柔毛。单叶对生，叶长 2 ~ 7 cm，宽 1 ~ 3 cm，两面被柔毛或无毛，叶背中脉常被柔毛。圆锥花序顶生或腋生，花梗长 1 ~ 3 mm，花冠裂片长于花冠筒。核果近球形。花期 3 ~ 6 月。

产长江流域以南地区，越南有分布。园博园常见栽培。栽培的品种还有：

银姬小蜡 'Variegatum'，叶灰绿色，边缘具白色镶边。上海园有栽培。

金禾女贞 'Jinhe'，新叶柠檬黄色。魔纹世界有栽培。

小蜡

小蜡

银姬小蜡

金禾女贞

金禾女贞

金叶女贞 *Ligustrum × vicaryi* Rehd.

半常绿灌木；全株无毛。单叶对生，新叶鲜黄色，后渐变为黄绿色。花冠裂片短于花冠筒。核果近球形。

为金边卵叶女贞与欧洲女贞的杂交种。园博园常见栽培。

锈鳞木犀榄 *Olea europaea* subsp. *cuspidata* (Wall. ex G. Don) Ciferri

常绿灌木或小乔木，小枝密被鳞片。单叶对生，叶狭披针形，全缘，边缘略反卷，背面密生锈色鳞片。圆锥花序腋生，花两性；花冠4浅裂。核果，长7～8 mm。

产云南，印度、巴基斯坦、阿富汗等地有分布。珠海园有栽培。

木犀（桂花） *Osmanthus fragrans* Lour.

常绿乔木；小枝无毛。单叶对生，叶片椭圆形、长椭圆形或椭圆状披针形，无毛，边缘全缘或上部具细锯齿，中脉上面凹入。聚伞花序簇生叶腋，苞片无毛；花极芳香；花冠裂片4，黄白色。核果。花期9～10月，果期翌年3月。

原产中国南部。园博园常见栽培。园博园栽培的品种还有：

金桂'Thunbergii'，花金黄色，香味浓或极浓。

银桂'Latifolias'，花黄白或淡黄色，香味浓或极浓。

丹桂'Aurantiacus'，花橙黄或橙红色，香味浓或淡。

四季桂'Semperflorens'，花淡黄或黄白色，周年开花，香味淡。

小叶佛顶珠四季桂'Xiaoye Fodingzhu'，灌木，叶较小，平均长约6 cm。

金桂

银桂

丹桂

四季桂

小叶佛顶珠四季桂

三 被子植物 Angiospermae

紫丁香 *Syringa oblata* Lindl.

落叶灌木，叶片卵圆形至肾形，长 2 ~ 14 cm，宽 2 ~ 15 cm。圆锥花序由侧芽抽出，花冠紫色，花冠管长 0.8 ~ 1.7 cm。花期 4 ~ 5 月，果期 6 ~ 10 月。

产中国东北、华北、西北及华中地区。西宁园、比利时安特卫普园有栽培。

74. 玄参科（Scrophulariaceae）

白花泡桐 *Paulownia fortunei* (Seem.) Hemsl.

落叶乔木。单叶对生，全缘。圆锥花序近圆柱状；小聚伞花序有总梗，几与花梗等长；花萼长 2 ~ 2.5 cm，分裂至 1/3 或 1/4 处；花冠 5 裂，长 8 ~ 12 cm，白色，背面带紫或浅紫色，内面密被紫色斑点。蒴果长 6 ~ 10 cm。花期 3 ~ 4 月。

产长江以南地区，越南、老挝有分布。园博园零星栽培。

毛地黄钓钟柳 *Penstemon digitalis* （Nutt. ex Sims）

多年生草本。茎及叶无毛。叶卵形至卵状披针形，无柄，基部抱茎，边缘有锯齿。花萼 5 深裂，裂片披针形，被腺毛；花冠白色或淡粉色，外面被腺毛，内面无毛；退化雄蕊上部具白色倒向长毛。花期 6 月。

原产加拿大东部、美国东部及东南部。西昌园、上海园、国际园林展区有栽培。

爆仗竹 *Russelia equisetiformis* Schltdl. et Cham.

木贼状亚灌木。茎4棱形，分枝轮生。圆锥花序，小聚伞花序有花1～3朵。花萼5深裂；花冠红色，筒部细长，圆柱形，檐部5裂，花冠筒长约2 cm；雄蕊4，内藏。蒴果，室间开裂。花期、果期7～9月。

原产墨西哥。海口园有栽培。

75. 爵床科（Acanthaceae）

山牵牛 *Thunbergia grandiflora* (Rottl. ex Willd.) Roxb.

木质藤本。茎节下、花梗上部、小苞片下部具黑色巢状腺体。叶卵形、宽卵形或心形，掌状脉5～7。花单生叶腋或成顶生总状花序；花萼环状；冠筒和喉部白色，冠檐蓝紫色。花期8月至翌年1月。

产中国华南地区、福建及云南。印度及中南半岛有分布。厦门园有栽培。

三 被子植物 Angiospermae

艳芦莉 *Ruellia elegans* Poir.

多年生草本，茎四棱形，沿棱及沟槽疏被长硬毛，节部尤密。叶椭圆形或卵状披针形，长6～12 cm，全缘。二岐聚伞花序腋生；花序梗、苞片及花梗均疏被腺毛；花梗长1～2 mm，无小苞片；花萼裂片外面密被长腺毛；花冠红色，长4.5～5 cm。花期10月至翌年2月。

原产巴西。西昌园、澳大利亚布里斯班园有栽培。

76. 紫葳科（Bignoniaceae）

凌霄 *Campsis grandiflora* (Thunb.) Schum.

落叶木质藤本，具攀缘根。叶对生，一回奇数羽状复叶，小叶7～9，两面无毛。花萼5裂至中部，裂片披针形；花冠外面橘红色，内面鲜红色。雄蕊4，内藏；子房2室。蒴果室背开裂。花期5～8月。

产河北、山东、陕西、福建、广东及广西，日本有分布。英国园有栽培。

厚萼凌霄 *Campsis radicans* (L.) Seem.

落叶木质藤本，具攀缘根。叶对生，一回奇数羽状复叶，小叶9～11，叶背至少沿中脉有柔毛。花萼5裂片至萼筒1/3处；花冠钟状漏斗形，橘红色或鲜红色；雄蕊4，内藏；子房2室。蒴果室背开裂；种子具2翅。花期夏秋季。

原产北美。英国园有栽培。

蓝花楹 *Jacaranda mimosifolia* D. Don

落叶乔木。叶对生，二回羽状复叶，羽片（10）15～20对，每羽片具小叶15～25对。圆锥花序顶生，花冠蓝色；能育雄蕊4，退化雄蕊棒状；子房2室，无毛。蒴果木质，扁卵圆球形，迟裂；种子扁平，周围具透明翅。花期5～6月。

原产巴西、玻利维亚及阿根廷。园博园常见栽培。

蒜香藤 *Mansoa alliacea* (Lam.) A. H. Gentry

常绿木质藤本，全株具大蒜气味。一回羽状复叶，小叶 2 ~ 3，全缘。花萼钟状，先端平截；花冠漏斗状，淡紫色或紫红色；能育雄蕊 4，药室极叉开。蒴果扁平，长 18 ~ 20 cm；种子两端具翅。花期 2 ~ 4 月和 10 ~ 11 月。

原产南美洲。厦门园有栽培。

海南菜豆树 *Radermachera hainanensis* Merr.

落叶乔木。叶对生，一至二回羽状复叶，小叶长圆状卵形或卵形。花萼淡红色，长约 1.8 cm，3 ~ 5 浅裂；花冠淡黄色，长 3.5 ~ 5 cm；能育雄蕊 4。蒴果，细长圆柱形；种子两端具翅。花期 4 月。

产广东、海南、广西及云南。黑龙江园有栽培。

硬骨凌霄 *Tecoma capensis* (Thunb.) Lindl.

常绿灌木，分枝披散。一回奇数羽状复叶，小叶 5 ~ 9，卵形或阔卵形，仅背面脉腋具柔毛，先端急尖或钝，叶柄长 1 ~ 1.5 cm。花序总状，花冠橙红色，内面下部密被多细胞长腺毛；雄蕊外露。花期春至秋季。

原产南非好望角。北京园有栽培。

77. 茜草科（**Rubiaceae**）

栀子 *Gardenia jasminoides* Ellis

常绿灌木。叶对生，托叶鞘状，叶片两面通常无毛。花单生枝顶，花萼具纵棱，裂片5~8，常6；花冠白色，芳香，喉部疏被柔毛，裂片5~8，常6；子房1室，侧膜胎座。浆果，具翅状纵棱，熟时橙黄色。花期3~7月。

产长江流域以南各省，东北亚、南亚及东南亚有分布。园博园常见栽培。栽培的品种还有：

雀舌栀子‘Radicans’，矮小灌木，茎匍匐，叶倒披针形，花小，重瓣。

窄叶栀子‘Angustifolia’，直立灌木，叶狭窄，披针形，花重瓣。

斑叶栀子‘Variegata’，叶狭窄，边缘具白色斑纹。上海园有栽培。

雀舌栀子

窄叶栀子

斑叶栀子

三 被子植物 Angiospermae

六月雪 *Serissa japonica* (Thunb.) Thunb.

常绿灌木。叶对生，叶长 0.6 ~ 2.2 cm，宽 3 ~ 6 mm，无毛；托叶生叶柄间，先端刺毛状。花单生或簇生，白色，花冠筒长于花萼裂片；子房 2 室，每室 1 胚珠。核果。花期 5 ~ 7 月。

产中国华东、华南及西南地区。园博园零星栽培。栽培的品种还有：

金边六月雪 'Aureomarginata'，叶缘金黄或淡黄色。

斑叶六月雪 'Variegata'，叶边缘及中央具黄色斑纹。

六月雪　　　　　　　　斑叶六月雪

78. 忍冬科（Caprifoliaceae）

大花糯米条 *Abelia × grandiflora* (Ravelli ex André) Rehd.

半常绿灌木；小枝被毛。叶对生或 3 ~ 4 枚轮生，卵形，边缘疏生锯齿。花萼裂片 2 ~ 5，先端锐尖；花冠漏斗状或近二唇形，白色或粉红色；雄蕊与花冠筒近等长；子房 3 室，仅 1 室发育。瘦果，顶端具宿存萼片。花期 6 ~ 11 月。

为糯米条与莛梗花的杂交种。泰国清迈园、连云港园有栽培。

忍冬（金银花）*Lonicera japonica* Thunb.

半常绿藤本；小枝中空，被毛。叶对生。花成对生于枝上部叶腋，总花梗长 2 ～ 40 mm，苞片叶状；花冠二唇形，长 3 ～ 4 cm，上唇 4 裂，下唇反卷，外面被柔毛及腺毛；初开时白色，后转黄色；芳香。浆果球形，紫黑色。花期 4 ～ 6 月。

产中国大部分地区。日本、朝鲜半岛有分布。园博园山体有野生。

金山荚蒾 *Viburnum chinshanense* Graebn.

半常绿灌木。叶背面、叶柄、花序及花萼被簇状毛。叶对生，全缘，侧脉 7 ～ 10 对，上面凹陷。伞形式聚伞花序，第一级辐射枝 5 ～ 7 条；花冠白色，辐状；雄蕊 5。核果，熟时红色，后变黑色。花期 4 ～ 5 月，果熟期 7 月。

产中国西南及华南地区。园博园野生。

三 被子植物 Angiospermae

琼花 *Viburnum macrocephalum* f. *keteleeri* (Carr.) Rehd.

落叶灌木；被星状毛。单叶对生，叶片卵形，侧脉 5～6 对，不达齿尖。复伞形式聚伞花序顶生，边花为不育花，中央花为两性能育花。核果红色，后变黑色。花期 4 月，果期 9～10 月。

产中国华东、华中地区及贵州。比利时安特卫普园、苏州园有栽培。

日本珊瑚树 *Viburnum odoratissimum* var. *awabuki* (K. Koch) Zabel ex Rumpl.

常绿灌木或小乔木。叶革质，边缘上部具浅波状锯齿，两面无毛，上面脉腋具凸起，下面脉腋常有簇状毛和趾蹼状小孔，侧脉 5～8 对。圆锥花序顶生，花冠白色，冠筒长 3～4 mm。核果熟时红色，后变黑色。花期 5～6 月，果期 9～10 月。

产浙江及台湾，日本及朝鲜半岛南部有分布。园博园常见栽培。

地中海荚蒾 *Viburnum tinus* L.

常绿灌木。小枝、叶柄常紫红色。叶卵形至椭圆形，边缘全缘，背面常具腺毛。复伞形式聚伞花序顶生，花序梗及花蕾略带红色；花冠白色或粉红色，密集，芳香。核果熟时蓝黑色。花期 10 月至翌年 6 月。

原产地中海地区。上海园有栽培。

锦带花 *Weigela florida* (Bunge) A. DC.

落叶灌木；幼枝具 2 列短柔毛。叶对生，上面疏生、下面密生短柔毛。聚伞花序腋生；花萼深裂达中部，裂片不等长；花冠 5 裂，紫红或玫瑰红色；雄蕊 5；子房 2 室，柱头 2 裂。蒴果。花期 4 ~ 6 月。

产中国东北及华北地区。俄罗斯、朝鲜及日本有分布。枫香秋亭景区、青山茅庐景区、运动休闲区有栽培。栽培的品种还有：

红王子锦带花 'Red Prince'，花胭脂红色。候鸟湿地景区有栽培。

花叶锦带花 'Variegata'，叶绿色，边缘具黄色斑纹。

三 被子植物 Angiospermae

红王子锦带花

花叶锦带花

79. 菊科（Asteraceae）

浅齿常绿千里光（木春菊）*Euryops chrysanthemoides* (DC.) B. Nord.

常绿亚灌木。叶一回羽状深裂，裂片向基部逐渐变短，除叶腋具灰白色柔毛，余无毛。头状花序单生叶腋或枝顶，花序梗纤细，长 10 ~ 15 cm。总苞片2层。舌状花黄色；管状花橙黄色。瘦果无毛，具肋，无冠毛。花期几全年。

原产南非。园博园常见栽培。

香根菊 *Baccharis halimifolia* L.

灌木；小枝纤细，无毛。叶互生，菱形、椭圆形或倒卵形；中下部边缘全缘，上部具1 ~ 3对粗齿，两面无毛。头状花序排成圆锥状，总苞片4 ~ 5层。边花雄性，盘花雌性。瘦果具8 ~ 10脉，冠毛白色，毛状。花期8 ~ 11月。

原产大西洋。上海园有栽培。

大花金鸡菊 *Coreopsis grandiflora* Hogg ex Sweet

多年生草本。茎下部叶羽状全裂，裂片长圆形；中部及上部叶3 ~ 5深裂，裂片线形或披针形，两面及边缘有细毛。总苞片外层较短；小花均黄色。瘦果广椭圆形或近圆形，边缘翅较厚，顶端具2鳞片。花期 5 ~ 9月。

原产北美。淮安园有栽培。

大吴风草 *Farfugium japonicum* (L.) Kitamura

多年生草本。叶基生，肾形，全缘、有齿或掌状浅裂；叶柄长15～25 cm，基部鞘内密被柔毛。头状花序排成伞房状；总苞片2层，花托浅蜂窝状，小孔边缘有齿。边花舌状，黄色；盘花两性，管状。花期、果期8月至翌年3月。

产中国华东、华中及华南地区，日本有分布。国际园林展区、上海园有栽培。

加拿大一枝黄花 *Solidago canadensis* L.

多年生草本。叶披针形或线状披针形，长5～12 cm，茎上部叶边缘有锯齿，背面沿脉疏生柔毛，侧脉2，与主脉似离基三出脉。花序圆锥状，分枝下弯；头状花序小，径3 mm以下，着生于花序分枝上侧。总苞片线状披针形，长2.5～3 mm。花金黄色。花期8～9月。

原产北美。上海园、苏州园有栽培。

80. 泽泻科 (Alismataceae)

泽薹草 *Caldesia parnassifolia* (Bassi ex L.) Parl.

多年生水生草本；根状茎横走。叶基生，卵形或椭圆形，先端钝圆，基部心形，叶脉9～15条。圆锥花序轮状分枝，每轮3（～6）枚，下面2～3轮侧枝可再次分枝。花两性，花瓣白色，雄蕊6；心皮5～10。花、果期5～10月。

产黑龙江、内蒙古、湖南、江苏、山西、云南及浙江，南亚、东北亚及澳大利亚有分布。园博园部分水体有栽培。

冠果草 *Sagittaria guayanensis* subsp. *lappula* (D. Don) Bogin

多年生水生草本。浮水叶宽卵形至心形卵形，基部深心形，先端钝；沉水叶线形或披针形。花序总状，2～6轮，每轮3花。花两性或单性，花序下部1～3轮为两性花；花瓣白色，内面基部具紫斑。雄蕊6至多数。瘦果具鸡冠状齿裂。花期、果期5～11月。

产中国华南、华中、华东，东南亚、东亚及非洲有分布。园博园部分水体有栽培。

81. 槟榔科（Arecaceae）

假槟榔 *Archontophoenix alexandrae* (F. Muell.) H. Wendl. et Drude

乔木；茎单生，具环状叶痕，树干基部略膨大。叶羽状全裂，裂片线状披针形，排为2列，羽片背面具灰白色鳞秕。花雌雄同株异序，花序生于冠茎基部，3回分枝。雄花萼片3，离生；花瓣3，离生；雄花雄蕊9~10。核果。

原产澳大利亚东部。三亚园有栽培，园博园其他景区零星栽培。

金山葵 *Syagrus romanzoffiana* (Cham.) Glassm.

乔木。叶一回羽状全裂，羽片2~5枚靠近成组，在轴上排为数列，羽片外向折叠，背面中脉具鳞片。花序单生叶腋，一回分枝；花单性同株，雌花生花序分枝中下部，雄花生顶端；萼片及花瓣3，离生；雄花雄蕊6。

原产巴西。斐济劳托卡园、柳州园有栽培。

三 被子植物 Angiospermae

霸王棕 *Bismarckia nobilis* Hildebr. et H. Wendl.

乔木，茎单生，灰绿色。叶掌状浅裂，灰绿色或蓝灰色，被白色蜡粉，裂口处具丝状纤维；叶柄被蜡粉及鳞秕，先端延伸成叶轴。花雌雄异株，花序腋生。

原产马达加斯加。园博园海口园有栽培。

布迪椰子 *Butia capitata* (Mart.) Becc.

茎单生。叶拱弯下垂，羽状全裂，蓝绿色；裂片单折，外向折叠，排为2列；叶柄下部具纤维刺，上部具齿。花单性，雌雄异株；花序腋生，分枝多数。

原产阿根廷、巴西及乌拉圭。湛江园、上海园、厦门园有栽培。

鱼尾葵 *Caryota maxima* Bl. ex Mart.

乔木。茎单生，绿色，被白色毡状绒毛，基部不膨大。叶三回羽状全裂，裂片鱼尾状，裂片上缘具深而尖的齿缺。花雌雄同株同序；花序长 3 ~ 3.5 m，具多数分枝；萼片全缘，无毛；雄蕊多数。核果。

产中国华南地区及云南，南亚及东南亚有分布。园博园零星栽培。

雪佛里椰子 *Chamaedorea seifrizii* Burret

灌木状，茎丛生，节间长 4 ~ 12 cm，似竹节。叶羽状全裂，羽片外向折叠，排为 2 列，线状披针形，长 8 ~ 22 cm，等宽或先端一对稍宽；叶鞘管状。花雌雄异株，雄花萼片、花瓣 3，雄蕊 6；雌花子房 3 室，每室 1 胚珠。核果球形，黑色。

原产墨西哥及中美洲。韶关园有栽培。

三 被子植物 Angiospermae

蒲葵 *Livistona chinensis* (Jacq.) R. Br. ex Mart.

乔木，茎单生，具环状叶痕。叶掌状分裂至中部，裂片先端2深裂，下垂，叶柄下部两侧具黄绿色或淡褐色下弯短刺。花两性，圆锥花序腋生，花黄绿色，花萼和花瓣3裂，几达基部；雄蕊6；果椭圆形，长1.8～2.2 cm，黑褐色。

产广东、海南及台湾，日本有分布。园博园常见栽培。

加那利海枣 *Phoenix canariensis* Hort. ex Chabaud.

乔木。茎单生，具紧密排列的扁菱形叶痕。叶羽状全裂，长5～6 m；羽片排为2列，内向折叠，基部裂片退化成针刺。雌雄异株，花序长达2 m。浆果，长约2.5 cm。

原产非洲加那利群岛。埃及园、柳州园有栽培。

江边刺葵 *Phoenix roebelenii* O'Brien

灌木。茎丛生，栽培者常单生，具三角状宿存叶柄基部。叶羽状全裂，长 1 ~ 1.5 m；羽片排为 2 列，背面沿叶脉有糠秕状鳞片，内向折叠，基部裂片退化成针刺。浆果枣红色，长 1.4 ~ 1.8 cm。

产云南，老挝、缅甸、泰国及越南有分布。园博园零星栽培。

银海枣 *Phoenix sylvestris* Roxb.

乔木。茎单生。叶羽状全裂，长 3 ~ 5 m；羽片排为 2 ~ 4 列，基部裂片退化成针刺。浆果，熟时橙黄色，长 2 ~ 2.5 cm。

原产印度及缅甸。三亚园、厦门园、汕头园、国际园林展区有栽培。

161

三 被子植物 Angiospermae

棕竹 *Rhapis excelsa* (Thunb.) Henry ex Rehd.

丛生灌木。叶掌状 4 ~ 10 深裂，裂片不等宽，具 2 ~ 5 肋脉，横脉多而明显，先端平截，具多数较深的小裂片，边缘及脉上具稍锐利的锯齿。雌雄异株；花萼、花冠 3 齿裂；雄蕊 6；心皮 3，离生。浆果。

产中国南部至西南部。日本有分布。园博园常见栽培。

矮棕竹 *Rhapis humilis* Bl.

丛生灌木。叶掌状 10 ~ 20 深裂，裂片不等宽，具 1 ~ 3 肋脉，横脉疏而不明显，先端渐尖，具 2 ~ 3 短裂片，边缘及脉上具细锯齿。雌雄异株；花萼、花冠 3 齿裂；雄蕊 6；心皮 3，离生。浆果。

产中国南部至西南部。园博园常见栽培。

多裂棕竹 *Rhapis multifida* Burret

丛生灌木。叶掌状 16 ~ 30 深裂，裂片等宽，常具 2 肋脉，先端渐狭，具 2 ~ 3（4）短裂片，边缘及脉上具细锯齿。雌雄异株；花萼、花冠 3 齿裂；雄蕊 6；心皮 3，离生。浆果。

产广西西部及云南东南部。上海园有栽培。

棕榈 *Trachycarpus fortunei* (Hook.) H. Wendl.

乔木；茎单生。叶掌状深裂，裂片先端2短裂或2齿，叶柄两侧具细圆齿，叶鞘具网状粗纤维。花序腋生，雌雄异株；花萼、花冠均3裂，雄蕊6，心皮3，分离。核果。

产秦岭及长江以南各省区，日本有分布。园博园常见栽培。

大丝葵 *Washingtonia robusta* H. Wendl.

乔木；茎单生，基部膨大，宿存叶基交叉状。叶掌状分裂，裂片单折，先端2裂，幼叶裂片边缘具丝状纤维，成熟叶常消失；叶柄边缘几全长密被红褐色粗壮钩刺。花两性，花萼、花冠3裂；雄蕊6；心皮3，基部分离。核果。

原产墨西哥西北部。上海园、深圳园、珠海园、汕头园、三亚园等有栽培。

163

三 被子植物 Angiospermae

82. 天南星科（Araceae）

菖蒲 *Acorus calamus* L.

多年生常绿草本。叶剑形，2列，中脉两面隆起，长70 ~ 100 cm，宽1 ~ 2 cm。肉穗花序腋生，粗6 ~ 12 mm；花两性，花被片6，2轮；雄蕊6；子房2 ~ 3室。浆果；种子无刚毛。

全国各省区均产。园博园部分水体有栽培。

金钱蒲 *Acorus gramineus* Soland. ex Ait.

多年生常绿草本。叶线形，无中肋，长20 ~ 55 cm，宽5 ~ 10 mm。肉穗花序粗4 ~ 7 mm。花两性，花被片6，2轮；雄蕊6。浆果；种子具刚毛。

产中国西南、华南、华中地区。澳门园、美国旧金山园、德国杜塞尔多夫园有栽培。

园博园栽培的品种还有：花叶金钱蒲 'Variegatus'，叶具黄色纵条纹。厦门园、澳门园有栽培。

广东万年青 *Aglaonema modestum* Schott ex Engl.

多年生直立草本，茎下部节间长约2 cm，上部短缩。叶片卵状椭圆形或卵状矩圆形，先端渐尖至尾尖，基部圆形或宽楔形；叶柄中部以下具鞘。肉穗花序长约为佛焰苞的2/3，基部具1 cm的花序柄。

产广东、广西至云南东南部，老挝、泰国及越南有分布。佛山园、绍兴园有栽培。

尖尾芋 *Alocasia cucullata* (Lour.) G. Don

多年生直立草本；地上茎丛生。叶宽卵状心形，盾状着生，叶片长10～40 cm，叶柄长25～30 cm，中下部具鞘。花序常单生，附属器黄色，狭圆锥形。

产中国西南及华南地区，南亚及越南有分布。卧龙石景区、韶关园有栽培。

三 被子植物 Angiospermae

海芋 *Alocasia odora* (Roxb.) K. Koch

多年生直立草本；植株具直立地上茎。叶盾状着生，箭状心形或卵状心形，长 50 ~ 90 cm，边缘波状；基部裂片 2，裂片先端尖。花序梗 2 ~ 3 丛生；雌花序长 1 ~ 2 cm，雄花序长 3 ~ 5 cm，不育雄花序与能育雄花序等长；附属器白色，狭圆锥形，长约为肉穗花序的 1/3。

产中国西南、华南及华东地区，南亚、东南亚及日本有分布。园博园零星栽培。

芋 *Colocasia esculenta* (L.) Schott

多年生草本；具块茎。叶卵形至近圆形，长 13 ~ 45 cm，基部浅心形，叶柄着生处距基部凹缺宽 1 ~ 4 cm；叶柄绿色。佛焰苞管部绿色，檐部黄色。

原产亚洲南部。

园博园栽培的品种还有：紫芋 'Black Magic'，叶柄暗紫色。

芋

紫芋

大野芋 *Colocasia gigantea* (Bl.) Hook. f.

常绿草本，具根茎。叶丛生，叶片长达 1 m；叶柄淡绿色，具白粉，下半部具鞘。花序柄常 5 ～ 8 枚生于同一叶柄鞘内，每花序柄具 1 枚膜质鳞叶，鳞叶与花序柄近等长，背部有 2 条棱凸。佛焰苞管部绿色，檐部粉白色。

产中国西南、东南、华中及华东地区，东南亚有分布。园博园零星栽培。

龟背竹 *Monstera deliciosa* Liebm.

攀缘灌木。叶心状卵形，边缘羽状深裂，侧脉间具 1 ～ 2 个穿孔，靠近中脉的穿孔近圆形，外侧的穿孔椭圆形。肉穗花序无梗，顶端无附属器；佛焰苞厚革质，苍白色带黄色；花无被；能育雄蕊 4；子房 2 室。浆果。

原产墨西哥。园博园零星栽培。

羽叶喜林芋（春羽）*Philodendron bipinnatifidum* Schott ex Endl.

攀缘植物；老枝具鳞叶。叶羽状深裂，基部一对裂片最大，再次羽裂；上部裂片边缘波皱，具浅裂或粗齿。肉穗花序与佛焰苞近等长，佛焰苞外面绿色，内面白色，无附属器；花单性，无花被；雄花序下部不育，上部能育。

原产巴西。园博园常见栽培。

168

83. 鸭跖草科（Commelinaceae）

紫竹梅 *Tradescantia pallida* (Rose) D. R. Hunt

多年生草本；茎斜升；全株紫红色。叶长圆形或长圆状披针形，两面及边缘疏生长柔毛，叶鞘边缘及鞘口具睫毛。萼片及花瓣3，离生，花瓣紫红色；雄蕊6，花丝被念珠状长柔毛；子房3室。蒴果3瓣裂。花期夏秋季。

原产墨西哥。德国德中同行园、淮安园有栽培。

84. 莎草科（Cyperaceae）

大岛薹草 *Carex oshimensis* Nakai

多年生草本；秆高20～50 cm，钝三棱形。叶簇生，宽3～6 mm，弯拱。小穗3～5，小穗柄伸出；顶生小穗雄性；侧生小穗雌性，有时上部1枚小穗两性；雌花鳞片长圆形，先端具短芒；果囊倒卵形，稍长于鳞片，先端具短喙。

原产日本。园博园栽培的为其品种：金叶薹草 'Gold Strike'，叶淡黄色，具绿色窄边。上海园、国际园林展区有栽培。

风车草 *Cyperus involucratus* Rottb.

多年生草本。秆丛生，高30～150 cm，钝三棱，无叶片，基部具叶鞘，叶鞘长约20 cm。总苞片叶状，14～24枚，长约为花序分枝的2倍，条状披针形，先端下垂；鳞片先端锐尖。小坚果无柄。花果期5～12月。

原产非洲和亚洲西南部。园博园常见栽培。

纸莎草 *Cyperus papyrus* L.

多年生水生或沼生草本。秆丛生，钝三棱形，高60～150（300）cm，粗1.5～4.5 cm，基部具叶鞘。花序顶生，总苞片4～10枚，披针形，长4～8 cm；一级辐射枝40～100枚，纤细下垂，基部具褐色鞘状苞片，先端具2～5枚线形苞片；二级辐射枝长8～20 cm，小穗线形，小穗轴具翅。

原产埃及、乌干达、苏丹及西西里岛。园博园部分水体有栽培。

矮纸莎草 *Cyperus prolifer* Lam.

多年生草本。秆丛生，锐三棱形，高20～100 cm，粗2～6 mm，基部具叶鞘。花序顶生，苞片2～3枚，长4～12 cm，与一级辐射枝近等长；一级辐射枝不下垂，二级辐射枝长0.5～5 cm；小穗线状披针形。

原产非洲东部热带地区。园博园部分水体有栽培。

水葱 *Schoenoplectus tabernaemontani* (Gmel.) Palla

长，钻状，常短于花序；长侧枝聚伞花序简单或复出，假顶生；辐射枝 4 ~ 13 或更多，边缘有锯齿；小穗单生或 2 ~ 3 簇生辐射枝顶端，鳞片先端微凹，边缘具缘毛。小坚果倒卵形，双凸状。下位刚毛 6，具倒刺。花果期 6 ~ 9 月。

产中国东北、西北及西南地区，朝鲜、日本、大洋洲及美洲有分布。园博园栽培的品种还有：花叶水葱 'Zebrinus'，茎具淡黄色横纹。园博园部分水体有栽培。

85. 禾本科（Poaceae）

芦竹 *Arundo donax* L.

多年生草本；秆高 3 ~ 6 m，常具分枝。叶鞘无毛或颈部具长柔毛；叶舌平截，长约 1.5 mm，先端具短纤毛；叶片宽 3 ~ 5 cm，上面与边缘微粗糙，基部白色。小穗长 10 ~ 12 mm；外稃背面中部以下密生长柔毛，第一外稃长约 1 cm。

产中国西南、华南及华中地区，亚洲、非洲、大洋洲热带地区广布。候鸟湿地景区成片栽培，其他景区零星栽培。

园博园栽培的品种还有：花叶芦竹 'Versicolor'，叶有黄色或白色纵条纹。江南园湿地、北方园林展区有栽培。

慈竹 *Bambusa emeiensis* L. C. Chia et H. L. Fung

秆高 6 ~ 12 m，直径 4 ~ 8 cm，秆无白粉；节间长 15 ~ 30 cm，上部有白色小刺毛。箨鞘背部密生棕色刺毛；箨舌流苏状；箨叶披针形，两面生小刺毛，基部宽约鞘口之半。叶片边缘微粗糙，背面有毛。

产湖南、贵州、四川及云南。中国各地栽培。园博园零星栽培。

孝顺竹 *Bambusa multiplex* (Lour.) Raeuschel ex J.A. et J. H. Schult.

秆高 2 ~ 5 m，径 1 ~ 3 cm，新秆被白粉，节间上部有棕色小刺毛。箨鞘无毛，无箨耳或很小；箨舌长 0.5 mm，截平；箨叶直立，基部与箨鞘顶端等宽。叶片腹面无毛，背面灰绿色，密被柔毛。

产华南地区及云南。园博园零星栽培。栽培的品种还有：

凤尾竹 'Fernleaf'，秆高 1 ~ 4 m，直径 1 cm 以下；叶片小，2 列紧密排列于小枝顶端似羽状复叶。

小琴丝竹 'Alphonse-Karr'，秆节间鲜黄色，间以绿色纵条纹。

凤尾竹

小琴丝竹

三 被子植物 Angiospermae

硬头黄竹 *Bambusa rigida* Keng et Keng f.

秆高 5 ~ 12 m，径 3 ~ 6 cm，梢部略弯拱；节间无毛，幼时被白粉；秆壁厚 1 ~ 1.5 cm。箨鞘不易脱落，背面无毛；箨耳不等大，边缘具繸毛；箨舌长 2 ~ 4 mm，细齿状；箨叶直立，易脱落，基部向内收窄。叶下面密被柔毛。

产四川。园博园野生。

佛肚竹 *Bambusa ventricosa* McClure

秆二型，正常秆高 8 ~ 10 m，径 3 ~ 5 cm；畸形秆高 20 ~ 50 cm，径 1 ~ 2 cm，节间短缩而基部肿胀。箨鞘无毛，箨叶基部与鞘口几等宽。

产广东。淮安园、清远园有栽培。

大佛肚竹 *Bambusa vulgaris* Schrader ex Wendland 'Wamin'

秆二型，畸形秆中下部节间短缩、肿胀。新秆稍被白粉，并贴生刺毛，老时无粉无毛；箨环上下方各环生一圈灰白色绢毛。箨鞘背面密生刺毛，鞘口与箨耳连接处弧形下凹；

箨叶直立，两面具暗棕色小刺毛，基部宽约鞘口之半。

园艺品种。广州园有栽培。

蒲苇 *Cortaderia selloana* (Schult. et Schult. f.) Asch. et Graebn.

多年生草本。秆高 2～3 m。叶片长 1～3 m，边缘具锋利锯齿，叶鞘白绿色，几无毛；叶舌毛长 2～4 mm。圆锥花序银白色至粉红色；雌雄异株；小穗具 2～3 小花；颖具 1 脉；外稃具 3 脉，顶端延伸成长芒。雄小穗无毛，雄蕊 3 枚；雌小穗稃体下部密生长柔毛；基盘两侧具短柔毛，内稃甚短于外稃。颖果与内外稃分离。

原产南美。园博园零星栽培。

三 被子植物 Angiospermae

麻竹 *Dendrocalamus latiflorus* Munro

秆梢部弓形下弯；新秆被白粉，无毛，基部数节节内具棕色毛环。箨鞘背面疏被易脱落棕色刺毛，顶端鞘口窄，宽约3 cm；箨耳小，箨叶外翻，腹面被棕色小刺毛。叶鞘初被小刺毛，后无毛；无叶耳；叶片两面无毛，小横脉明显。

产中国华南及西南地区。风雨廊桥至企业展园附近山体有栽培。

白茅 *Imperata cylindrica* (L.) Raeusch.

多年生草本；具根茎。秆高 30 ~ 80 cm。叶基生及秆生，叶鞘聚集秆基；叶舌膜质，长约 2 mm；基生叶扁平，叶片长 20 ~ 100 cm，宽 8 ~ 20 mm；秆生叶片长 1 ~ 3 cm，通常内卷。圆锥花序多毛，长 6 ~ 20 cm，宽达 3 cm，小穗长 4.5 ~ 5 mm，基盘具长 12 ~ 16 mm 的丝状柔毛；两颖近相等，具 5 ~ 9 脉，常具纤毛，脉间疏生长丝状毛；雄蕊 2。

产中国大多数省区，亚洲、非洲及欧洲有分布。园博园栽培的为其品种：

血草 'Rubra'，叶暗紫红色。阿根廷科尔多瓦园有栽培。

芒 *Miscanthus sinensis* Anderss.

多年生草本。秆高 1～2 m，无毛或在花序下部疏生柔毛。叶鞘无毛，长于节间；叶舌长 1～3 mm，顶端及背面具纤毛；叶片宽 6～10 mm，背面疏生柔毛，被白粉，边缘粗糙。花序主轴无毛，延伸至花序中部以下，节与分枝腋间具柔毛。小穗长 4.5～5 mm，短柄长 2 mm，长柄长 4～6 mm；基盘丝状毛与小穗等长；第一颖背部无毛。雄蕊 3。

产中国西南、华南、华中、华东地区及吉林、河北。日本及朝鲜有分布。江南园湿地有栽培。

园博园栽培的品种还有：

斑马芒 'Zebrinus'，叶具黄绿色或黄白色横斑纹。

花叶芒 'Variegatus'，叶具黄绿色或黄白色纵条纹。

细叶芒 'Gracillimus'，叶细狭。

芒

斑马芒

花叶芒

细叶芒

柳枝稷 *Panicum virgatum* L.

多年生草本；根茎被鳞片。秆直立，高 0.6 ~ 2 m。叶基生及秆生，叶鞘无毛；叶舌长 1.5 ~ 7 mm，顶端具睫毛；叶片长 20 ~ 40 cm，宽 3 ~ 15 mm，无毛。圆锥花序开展，小穗簇生于二级分枝上；小穗无毛，长 3 ~ 5 mm，绿色或带紫色，颖卵形，先端尖，第一颖长为小穗的 2/3 ~ 3/4，具 5 脉；第二颖与小穗等长，具 5 脉；第一小花雄性，外稃与第二颖同形稍短，具 5 ~ 7 脉，雄蕊 3；第二小花两性。

原产北美。园博园上海园有栽培。

狼尾草 *Pennisetum alopecuroides* (L.) Spreng.

多年生丛生草本。秆高 30 ~ 120 cm，花序以下密生柔毛。叶鞘光滑，龙骨状，秆基部叶鞘覆瓦状，上部叶鞘长于节间；叶片扁平或内卷，宽 3 ~ 10 mm，基部具疣毛；叶舌长 0.5 ~ 2.5 mm。花序直立，宽 1.5 ~ 3.5 cm；主轴密生粗硬毛。小穗单生，稀双生，小穗总梗长 1 ~ 3 mm；刚毛淡绿色或紫色，粗糙，长 2 ~ 3 cm，长于小穗。

产中国东北、华北、华东、中南及西南各省区，南亚、东南亚、东北亚及大洋洲有分布。上海园、青岛园有栽培。

蔄草 *Phalaris arundinacea* L.

多年生草本，具根茎。秆单生，稀丛生，高 60 ~ 140 cm，具 6 ~ 8 节。叶鞘无毛；叶舌长 2 ~ 3 mm。圆锥花序长 8 ~ 15 cm；小穗长 4 ~ 5 mm，无毛或有微毛；颖沿脊粗糙，上部有极狭的翼；孕花外稃长 3 ~ 4 mm，上部有柔毛；内稃舟状，背具 1 脊，脊的两侧疏生柔毛；不孕外稃 2，线形，具柔毛。

产中国东北、华北及西北地区，广布于北半球温带。园博园栽培的为其品种：

丝带草（玉带草）'Picta'，叶具白色或黄色条纹，柔软似丝带。郑州园有栽培。

芦苇 *Phragmites australis* (Cav.) Trin. ex Steud.

多年生草本。秆高 1 ~ 3 m，径 1 ~ 4 cm；节下被蜡粉。叶舌边缘密生一圈长约 1 mm 的纤毛，两侧缘毛长 3 ~ 5 mm，易脱落；叶片宽 2 cm，无毛。小穗长约 12 mm，含 4 花；第一颖长 4 mm；第二颖长约 7 mm；第一不育外稃雄性，长约 12 mm，第二外稃长 11 mm，基盘延长，两侧密生等长于外稃的丝状柔毛。

产全国各省区，世界广布。园博园水体零星栽培。栽培的品种还有：

花叶芦苇'Variegatus'，叶片具黄色或黄绿色纵条纹。长沙园、东莞园有栽培。

芦苇

花叶芦苇

桂竹 *Phyllostachys reticulata* (Rupr.) K. Koch

秆高达 20 m，直径达 15 cm，中部节间长达 40 cm，秆环、箨环均隆起，新秆无白粉，无毛。秆箨黄褐色，密生黑紫色斑点，疏生短硬毛，一侧或两侧有箨耳和繸毛；箨叶带状，橘红色，边带绿色，下垂。每小枝具 3～6 叶，具叶耳及长繸毛，后脱落；背面有白粉，近基部有毛。

原产中国。园博园常见栽培。

毛竹（楠竹）*Phyllostachys edulis* (Carr.) J. Houz.

乔木状。新秆密被柔毛和白粉，老秆无毛；秆环平，箨环隆起，初被一圈毛，后脱落。秆箨长于节间，褐紫色，密被棕褐色毛和深褐色斑点；箨耳小，繸毛发达；箨叶披针形，向外反曲。每小枝 2～3 叶。

产中国西南、华中、华南及华东地区。荟萃园有栽培。

紫竹 *Phyllostachys nigra* (Lodd. ex Lindl.) Munro

灌木状。秆高2～4 m，径1～4 cm；新秆淡绿色，密被柔毛和白粉，箨环有毛；老秆紫黑色，无毛，秆环箨环均隆起。秆箨短于节间，淡红褐色，密生柔毛，无斑点；箨耳紫黑色，有紫褐色繸毛；箨叶三角形或三角状披针形，绿色至淡紫色。每小枝2～3叶。

产湖南。北京园、汕头园、乌鲁木齐园及德国德中同行园有栽培。

金竹 *Phyllostachys sulphurea* (Carr.) Rivière et C. Rivière

秆高5～8 m，径3～4 cm，新秆、老秆均为金黄色，节下有白粉环，秆环平，箨环隆起。箨鞘无毛，黄绿色或淡黄褐色，有绿色条纹及紫褐色斑点或斑块，无箨耳及繸毛，箨舌边缘有纤毛。每小枝2～6叶，叶背面基部常有毛。

产河南、江苏、安徽、浙江及江西。杭州园有栽培。

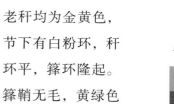

苦竹 *Pleioblastus amarus* (Keng) Keng f.

秆高 3 ~ 5 m，径 1.5 ~ 2 cm；幼秆被白粉，老秆被灰白色粉斑；分枝一侧下部稍扁平；箨鞘绿色，有时具紫色斑点，被白粉，基部密生棕色刺毛，边缘具纤毛；箨叶开展，易向内卷折，腹面无毛，背面有白色短绒毛，边缘具锯齿。秆每节 5 ~ 7 分枝；叶鞘无毛；叶片下面具白色茸毛，基部尤多，边缘两侧具细锯齿。

产中国华中及西南地区。荟萃园、温州园、西入口等有栽培。

菲白竹 *Pleioblastus fortunei* (Van Houtte) Nakai

秆高 10 ~ 30（80）cm，径 1 ~ 2 mm，无毛；秆环平坦或微隆起；箨鞘宿存，无毛。秆不分枝或每节仅具 1 分枝；叶 4 ~ 7 枚，绿色而具白色或浅黄色纵条纹，长 6 ~ 15 cm，宽 8 ~ 14 mm，两面具白色柔毛，叶鞘无毛。

原产日本。园博园北京园有栽培。

斑茅 *Saccharum arundinaceum* Retz.

多年生草本。秆高 2 ~ 4 m，径 1 ~ 2 cm，无毛。叶鞘长于节间，基部或上部边缘及鞘口具柔毛；叶舌长 1 ~ 2 mm，顶端截平；叶片宽 2 ~ 5 cm，上面基部具柔毛。圆锥花序主轴无毛，每节 2 ~ 4 分枝；小穗长 3.5 ~ 4 mm，基盘具长约 1 mm 的短柔毛；第一颖背部具长于小穗一倍以上的丝状柔毛；第二外稃先端具小尖头，或在有柄小穗中具短芒。

产中国西南、华南、华中及华东地区，东亚及东南亚有分布。园博园零星栽培或野生。

菅 *Themeda villosa* (Poir.) A. Camus

多年生草本。秆簇生，两侧压扁或具棱，无毛而有光泽，实心。叶鞘无毛；叶舌膜质，顶端具短纤毛；叶片线形，长达 1 m，宽 7 ~ 15 mm。大型假圆锥花序，由具佛焰苞的总状花序组成；佛焰苞舟形，长 2 ~ 3.5 cm，具脊，多脉；每总状花序具 9 ~ 11 小穗，最下 2 节各具 1 对

雄性小穗，最上 1 节具 3 小穗，中央 1 小穗无柄，两侧小穗具柄。

产中国西南、华南、华中及华东地区。德国杜塞尔多夫园、英国园有栽培。

细叶结缕草 *Zoysia pacifica* (Goudswaard) M. Hotta et S. Kuroki

多年生草本。叶片刚毛状，长 4 ~ 6 cm，宽约 1 mm，叶鞘无毛，鞘口具丝状长毛；小穗长 2 ~ 3 mm，宽约 0.6 mm；小穗柄长约 1.6 mm，微粗糙，先端稍增宽。

产台湾，日本、菲律宾、泰国及太平洋岛屿有分布。园博园常见栽培。

86. 香蒲科（Typhaceae）

水烛 *Typha angustifolia* L.

多年生水生草本。叶 2 列互生，线形，全缘，宽 4 ~ 9 mm。穗状花序；花单性，雌雄同株，无花被；雌雄花序相距 2.5 ~ 7 cm，雄花序基部具 1 ~ 3 叶状苞片，雄蕊通常 3 枚；雌花序基部具 1 枚叶状苞片，通常比叶宽，雌花具小苞片，丝状毛短于柱头。花、果期 5 ~ 8 月。

产中国大部分地区，东亚、东南亚、西南亚、中亚、东北亚及大洋洲有分布。苏州园、西雅图园有栽培。

87. 鹤望兰科 (Strelitziaceae)

大鹤望兰 *Strelitzia nicolai* Regel et Koern.

植株具木质树干。叶基部圆形，偏斜。花序腋生，花序梗短于叶柄，佛焰苞常 2 枚；萼片 3，白色，长 13 ~ 17 cm；花瓣 3，箭头状花瓣天蓝色，基部平截。

原产非洲南部。厦门园、海口园有栽培。

88. 芭蕉科 (Musaceae)

芭蕉 *Musa basjoo* Sieb.

多年生草本；假茎高 2.5 ~ 4 m。叶宽 25 ~ 30 cm，基部圆或不对称，叶鞘上部及叶下面无蜡粉或微被蜡粉。花序顶生，下垂；苞片红褐色或紫色；雄花每苞片 10 ~ 16，2 列；合生花被长 4 ~ 4.5 cm，与离生花被几等长。浆果三棱状长圆形，具短柄，3 ~ 5 棱。

原产日本及朝鲜。园博园零星栽培。

89. 姜科（**Zingiberaceae**）

艳山姜 *Alpinia zerumbet* (Pers.) Burtt. et Smith

多年生草本。叶两面无毛，边缘具短柔毛；叶柄长 1 ~ 1.5 cm，叶舌长 5 ~ 10 mm，背面被毛。圆锥花序下垂，花序轴紫红色，被毛；小苞片椭圆形，长 3 ~ 3.5 cm，白色，顶端粉红色。花萼白色，顶粉红色，长约 2 cm；花冠乳白色，先端粉红色；唇瓣长 4 ~ 6 cm，先端皱波状，黄色而有紫红色条纹；子房被金黄色粗毛。花期 4 ~ 6 月。

产台湾、广东、海南、广西及云南，南亚及东南亚有分布。园博园栽培的品种还有：

花叶艳山姜 'Variegata'，叶具黄色条纹。园博园常见栽培。

姜花 *Hedychium coronarium* J. König

多年生草本。叶无柄,腹面无毛,背面被柔毛;叶舌长 2 ~ 3 cm。苞片覆瓦状排列,每苞片具 2 ~ 3 花;花白色,芳香;花萼长约 4 cm,无毛,一侧开口;花冠管长约 8 cm,裂片长约 5 cm;侧生退化雄蕊长约 5 cm;唇瓣倒心形,长宽 4 ~ 6 cm,白色,基部稍黄色,先端 2 裂;子房被绢毛。花期 8 ~ 12 月。

产台湾、湖南、广东、海南、四川及云南,印度、越南、马来西亚至澳大利亚有分布。江南园湿地有栽培。

峨眉姜花 *Hedychium flavescens* Carey ex Roscoe

多年生草本。叶无柄,两面无毛;叶舌长 3 ~ 5 cm。苞片覆瓦状排列,每苞片具 4 ~ 5 花;花黄色或黄白色,芳香;花萼长 3.5 ~ 4 cm,一侧开口,先端平截;花冠管长 7 ~ 8.5 cm,裂片长 3 ~ 3.5 cm;侧生退化雄蕊宽于花冠裂片,唇瓣淡黄色,基部具橙色斑点,长大于宽;子房被毛。花期 7 ~ 9 月。

产四川及重庆,印度及尼泊尔有分布。园博园珠海园附近有栽培。

90. 美人蕉科（Cannaceae）

柔瓣美人蕉 *Canna flaccida* Salisb.

多年生草本；茎、叶绿色，被白粉。叶片长圆状披针形，边缘白色，透明。花冠管长约4 cm，裂片花后反折；退化雄蕊黄色，质柔软，长5～7 cm，宽3～4 cm。花期6～9月。

原产南美洲。园博园零星栽培。

大花美人蕉 *Canna × generalis* Bailey

多年生草本；茎、叶、花序被白粉。叶缘、叶鞘紫色。花冠管长5～10 mm，裂片直立；退化雄蕊长5～10 cm，宽2～5 cm，黄、红、橘黄及杂色。花期夏秋季。

杂交种。园博园常见栽培。栽培的品种还有：

金脉美人蕉 'Striata'，叶片沿侧脉黄色。园博园零星栽培。

粉美人蕉 *Canna glauca* L.

多年生草本；茎、叶绿色，被白粉，边缘绿白色，透明。花冠管长 1 ~ 2 cm，裂片直立；外轮退化雄蕊 3，黄色，长 6 ~ 7.5 cm，宽 2 ~ 3 cm。花期夏秋季。

原产南美洲及西印度群岛。园博园常见栽培。

美人蕉 *Canna indica* L.

多年生草本；茎、叶绿色，无粉霜。叶卵状长圆形或长圆形，宽 10 ~ 20 cm。花冠筒部长约 1.5 cm，裂片直立；退化雄蕊 2 或 3，鲜红色，长 4.5 ~ 5 cm，宽 7 ~ 10 mm。花期 3 ~ 12 月。

原产美洲热带。园博园零星栽培。栽培的品种还有：

蕉芋 'Edulis'，叶腹面绿色，边缘或背面紫色。

兰花美人蕉 *Canna orchioides* Bailey

多年生草本；叶椭圆形至椭圆状披针形，绿色。花冠管长约 2.5 cm，花冠裂片浅紫色，花后反折；外轮退化雄蕊 3，宽 3 ~ 5 cm，鲜黄至深红色，具红色条纹或溅点。花期夏秋季。

原产欧洲。园博园零星栽培。

紫叶美人蕉 *Canna* 'America'

多年生草本；茎、叶紫或紫褐色，被蜡质白粉。花冠裂片紫色；退化雄蕊及子房红色。花期夏秋季。

园艺品种。园博园零星栽培。

91. 竹芋科（**Marantaceae**）

水竹芋 *Thalia dealbata* Fraser

挺水草本。基生叶 2 ~ 5，无茎生叶。叶柄、叶鞘具粉霜，绿色，无毛；叶枕红色、紫红色或黄棕色；叶腹面基部被柔毛，背面无毛，具粉霜。花序直立，花序轴节间长 2 ~ 3 mm，花密集，苞片灰白色，被白粉，长 8 ~ 15 mm。

原产北美。园博园水体常见栽培。

垂花水竹芋 *Thalia geniculata* L.

挺水草本。基生叶 2 ~ 6，无茎生叶或具 1 ~ 2 茎生叶；叶柄、叶鞘紫红色，无毛，稀绿色；叶枕橄榄绿色，稀紫红色；叶片两面无毛。花序下垂，花序轴节间长 5 ~ 20 mm，着花稀疏，苞片绿色，无粉霜，长 1.3 ~ 2.8 cm。

原产墨西哥、北美、中美洲、南美洲及非洲西部。悠园环湖有栽培。

92. 雨久花科（**Pontederiaceae**）

凤眼蓝 *Eichhornia crassipes* (Mart.) Solms

多年生漂浮草本，须根发达。叶基生，全缘，叶柄中部膨大成囊状或纺锤状，基部具鞘状苞片。花葶自叶柄基部鞘状苞片腋内伸出，具棱；穗状花序，花被片基部合生成筒，近基部有腺毛，裂片 6，花瓣状，紫蓝色，近两侧对称，上方 1 枚裂片较大，四周淡紫红色，中间具 1 黄色圆斑；雄蕊 6，3 长 3 短，花丝具腺毛。花期 7 ~ 10 月。原产巴西。候鸟湿地景区有栽培。

三 被子植物 Angiospermae

梭鱼草 *Pontederia cordata* L.

多年生挺水草本。叶基生及茎生，基部心形或圆形，全缘。穗状花序顶生，基部具鞘状苞片；花被6，花瓣状，蓝紫色或紫白色，两侧对称，上方1片具淡黄色圆斑，花被外侧密被长短不等的腺毛；雄蕊6。花果期6～9月。

原产美洲热带。园博园水体常见栽培。

93. 百合科（Liliaceae）

非洲天门冬 *Asparagus densiflorus* (Kunth) Jessop

攀缘状亚灌木，叶状枝扁平，条形，常3枚成簇，长1～3 cm，宽1.5～2.5 mm；茎鳞片状叶基部具长3～5 mm的硬刺，分枝上无刺。花两性，总状花序具10余花；花被6，2轮，离生；子房3室。浆果。

原产非洲南部。埃塞俄比亚的斯亚贝巴园、美国韦恩斯伯勒市园、寒亭水体有栽培。

园博园栽培的品种还有：狐尾武竹'Myers'，植株分枝短而密呈圆柱状，近无刺。上海园有栽培。

蜘蛛抱蛋 *Aspidistra elatior* Bl.

多年生常绿草本。叶单生，各叶着生点彼此间距 1 ～ 3 cm；叶片矩圆状披针形、披针形至近椭圆形；叶片长 22 ～ 46 cm，宽 8 ～ 11 cm；叶柄长 5 ～ 35 cm。花单生，花被肉质，8 裂；雄蕊 8，与花被裂片对生；子房 4 室。浆果。

原产日本。园博园零星栽培。栽培的品种还有：

洒金蜘蛛抱蛋 'Punctata'，叶具黄色或黄白色斑点。上海园、乌克兰切尔卡瑟园有栽培。

蜘蛛抱蛋

洒金蜘蛛抱蛋

棕叶草 *Aspidistra oblanceifolia* F. T. Wang et K. Y. Lang

多年生常绿草本。叶单生，狭倒披针形，有时具黄白色斑点；叶片长 35 ～ 50 cm，宽 2.5 ～ 4 cm；叶柄长 6 ～ 13 cm。花被紫红色，8 裂；雄蕊 8。

产四川、重庆、贵州及湖北。韩国济州园有栽培。

191

三 被子植物 Angiospermae

吊兰 *Chlorophytum comosum* (Thunb.) Jacq.

多年生常绿草本。叶簇生，宽7～15 mm。花葶近顶端具叶丛或幼小植株，花序总状或圆锥状；花白色，花被片6，长7～10 mm，雄蕊6，花丝长于花药，花药开裂后常卷曲。蒴果。

原产南非。园博园零星栽培。栽培的品种还有：

中斑吊兰'Vittatum'，叶边缘绿色，中央淡黄白色。

金边吊兰'Variegatum'，叶边缘黄色，中间绿色。

吊兰

中斑吊兰

金边吊兰

澳洲朱蕉 *Cordyline australis* (G. Forst.) Endl.

常绿灌木或小乔木；幼时不分枝，开花后多分枝。叶剑形，直立，老时稍下垂，长40～100 cm，宽3～7 cm，具中脉。花苞片粉红色，花被几离生，白色，反卷。浆果白色。

原产新西兰。园博园上海园有栽培。栽培的品种还有：

红心澳洲朱蕉'Red Star'，叶暗紫红色。上海园有栽培。

红心澳洲朱蕉

澳洲朱蕉

朱蕉 *Cordyline fruticosa* (L.) A. Chev.

直立灌木，高 1 ~ 3 m。
叶长圆形或长圆状披针形，长
25 ~ 50 cm，宽 5 ~ 10 cm，绿红，
叶柄具槽，长 10 ~ 30 cm。花淡
红、青紫或黄色。浆果红色。花期
11 月至翌年 3 月。

原产太平洋诸岛。栽培品种
还有：亮叶朱蕉'Aichiaka'，新
叶鲜红色，后渐变绿色或紫褐色，
边缘红色。园博园零星栽培。

山菅 *Dianella ensifolia* (L.) DC.

多年生常绿草本。叶近基生或茎生，2 列，条状披针形，长 30 ~ 80 cm，
宽 1 ~ 2.5 cm，基部鞘状，套叠或抱茎，边缘及背面中脉有锯齿。圆锥花序分枝疏散；
花被片 6，具 5 脉。浆果近球形，深蓝色，径约 6 mm。花果期 3 ~ 8 月。

产中国华南及西南地区，亚洲热带至非洲马达加斯加岛有分布。园博园上海园
有栽培。栽培的品种还有：

银边山菅'Silvery Stripe'，叶边缘具白色纵条纹。上海园、珠海园有栽培。

山菅

银边山菅

柬埔寨龙血树 *Dracaena cambodiana* Pierre ex Gagnep.

乔木；茎不分枝或分枝。叶聚生茎、枝顶端，几无间隔，长 60 ~ 70 cm，宽 1.5 ~ 3 cm，基部略变窄而后扩大，抱茎，无柄。圆锥花序长 30cm 以上；花序轴无毛或近无毛；花 3 ~ 7 朵簇生，绿白色或淡黄色；花丝扁平，无红棕色疣点。花期 7 月。

产海南，越南、老挝、柬埔寨及泰国有分布。海口园、广州园、厦门园有栽培。

萱草 *Hemerocallis fulva* (L.) L.

多年生草本。叶基生，2 列。叶宽 1 ~ 2.8 cm。花橘红色或橘黄色，花被管长 2 ~ 3 cm，花被裂片 6，外轮花被宽 1.5 ~ 2.5 cm，内轮下部具"∧"形彩斑，宽 2 ~ 3.5 cm；雄蕊 6；子房 3 室。蒴果室背开裂。花期 5 ~ 7 月。

产中国秦岭以南各省区，朝鲜有分布。唐山园、上海园有栽培。

东北玉簪 *Hosta ensata* F. Maekawa

多年生草本。叶基生成簇，叶矩圆状披针形、狭椭圆形至卵状椭圆形，基部楔形或钝，5～8对侧脉；叶柄上部具狭翅，每侧翅宽2～5 mm。总状花序顶生；花单生，长4～4.5 cm，紫色，苞片长5～7 mm；雄蕊6，完全离生；子房3室。蒴果室背开裂；种子具扁平翅。花期8月。

产吉林、辽宁，朝鲜及俄罗斯有分布。园博园零星栽培。

阔叶山麦冬 *Liriope muscari* (Decne.) L. H. Bailey

多年生草本。叶基生成丛，禾叶状，宽1～3.5 cm，具9～11脉。总状花序，花4～8朵簇生苞腋；花梗长4～5 mm，关节位于中部或中部偏上；花被片6，紫色或红紫色；雄蕊6；子房上位，3室。果实于发育早期外果皮即破裂，露出种子。种子浆果状。花期7～8月。

产中国华东、华中、华南及西南地区，日本有分布。苏州园、市长国际经济顾问团园有栽培。

栽培的品种还有：金边阔叶山麦冬'Variegata'，叶边缘金黄色。园博园零星栽培。

阔叶山麦冬

金边阔叶山麦冬

山麦冬 *Liriope spicata* (Thunb.) Lour.

多年生草本。植株具地下走茎及肉质小块根。叶基生成丛，禾叶状，宽 4 ~ 6（8）mm，脉 5，边缘具细锯齿。总状花序，花常 3 ~ 5 朵簇生苞腋，花梗长约 4 mm，关节位于中部以上或近顶端；花被片 6，淡紫色或淡蓝色；子房上位。花期 5 ~ 7 月。

产中国大部分地区，日本、朝鲜及越南有分布。园博园常见栽培。

沿阶草 *Ophiopogon bodinieri* Lévl.

多年生草本。植株具地下走茎及肉质小块根。叶基生成丛，宽 2 ~ 4 mm。花葶与叶几等长或稍短，花梗长 5 ~ 8 mm，关节位于中部；花被 6，内轮花被片宽于外轮；子房半下位，3 室，花柱细，圆柱形。

产中国西南、华中地区及台湾。园博园零星栽培。

间型沿阶草 *Ophiopogon intermedius* D. Don

多年生草本。地下无走茎，叶宽2～8 mm，具5～9脉，背面中脉明显隆起，边缘具细齿。花葶通常短于叶，花梗长4～6 mm，关节位于中部；花被片6，白色或淡紫色；花丝极短；花柱细。花期5～8月。

产中国西南、华南、华中及华东地区，东亚及东南亚有分布。园博园栽培的为其品种：

银纹沿阶草'Argenteo-marginatus'，叶具白色边及条纹。园博园零星栽培。

麦冬 *Ophiopogon japonicus* (L. f.) Ker Gawl.

多年生草本。地下具走茎及肉质小块根。叶基生成丛，禾叶状，宽2～4 mm。花葶常远短于叶，花梗长3～4 mm，关节位于中部以上或近中部；花被片6，稍下垂而不展开，白色或淡紫色；子房半下位，3室，花柱长约4 mm，基部宽阔，向上渐狭成圆锥形。花期5～8月。

产中国西南、华南及华中地区，日本及朝鲜有分布。园博园常见栽培。

园博园栽培的品种还有：矮麦冬'Nanus'，株形矮小，叶较短。

吉祥草 *Reineckea carnea* (Andrews) Kunth

多年生常绿草本。茎匍匐,多节,每节有一残存叶鞘,顶端具叶簇。叶3～8枚簇生,条形至披针形,宽5～35 mm。穗状花序,花两性,上部花有时单性,仅具雄蕊;花芳香,粉红色;花被基部合生成短筒,上部6裂;雄蕊6;子房3室,每室2胚珠。浆果,熟时鲜红色。花果期7～11月。

产中国西南、华东及华中地区,日本有分布。园博园零星栽培。

凤尾丝兰 *Yucca gloriosa* L.

常绿灌木,茎短或高达5 m,常分枝。叶近簇生于茎顶或枝端,长40～80 cm,宽4～6 cm,全缘。圆锥花序,花被片6,白或淡白色;子房上位,3室,胚珠多数。蒴果不开裂。花期秋季。

原产北美东部至东南部。园博园零星栽培。

千手丝兰 *Yucca aloifolia* L.

常绿灌木，茎基部常膨大，自基部分枝或不分枝。叶宽 2.5 ~ 6 cm，边缘具细齿。圆锥花序，花被片 6，披针形，基部微合生；子房基部具短柄。果浆果状，不裂。花期秋季。

原产中美洲。国际园林展区有栽培。栽培的品种还有：

金边千手丝兰 'Marginata' 叶边缘金黄色。越南下龙湾园、连云港园、韶关园、张家港园有栽培。

94. 石蒜科（Amaryllidaceae）

红花文殊兰 *Crinum* × *amabile* Donn ex Ker Gawl.

多年生草本。具鳞茎。叶基生，带形，边缘波状。伞形花序，有花 20 余朵，芳香；花被筒暗紫色，裂片 6，红色，边缘白色或浅粉色；雄蕊 6；子房下位，3 室。蒴果。花期夏秋季。

杂交种。园博园零星栽培。

西南文殊兰 *Crinum latifolium* L.

多年生草本。具鳞茎。叶基生，带形，宽 3.5 ~ 6 cm 或更宽。伞形花序，有花数朵至 10 余朵，花梗极短；花被近高脚碟状；花被筒长约 9 cm，稍弯曲，裂片 6，披针形或长圆状披针形，宽约 1.5 cm，白色，

有红晕；雄蕊 6；子房下位，3 室。蒴果。花期 6 ~ 8 月。

产贵州、云南及广西。园博园零星栽培。

朱顶红 *Hippeastrum striatum* (Lam.) H. E. Moore

多年生草本。叶基生，6 ~ 8 枚，鲜绿色，宽约 2.5 cm。花茎稍扁，具白粉；伞形花序有花 2 ~ 4 朵，佛焰苞长约 3.5 cm，花梗长约 3.5 cm；花被筒绿色，长约 2 cm；花被裂片洋红色稍带绿色，喉部具小鳞片；雄蕊 6，花丝红色；子房下位。花期夏季。

原产巴西。园博园零星栽培。

水鬼蕉 *Hymenocallis littoralis* (Jacq.) Salisb.

多年生草本。鳞茎球形。叶基生，剑形，长45 ~ 75 cm，宽2.5 ~ 6 cm，先端尖，基部收窄；伞形花序具3 ~ 8花，花茎实心；花芳香，总苞片长5 ~ 8 cm；花被裂片6，白色；雄蕊6，花丝基部合生呈杯状体；子房下位。蒴果。花期夏末秋初。

原产美洲。园博园常见栽培。

紫娇花 *Tulbaghia violacea* Harv.

多年生草本，植株具蒜味。叶基生，线形，长20 ~ 50 cm，宽3 ~ 7 mm。伞形花序具10至多花，粉紫色；花梗长1 ~ 2 cm；花被筒圆柱形，长8 ~ 10 mm，裂片长6 ~ 7 mm，裂片中央颜色较深；副花冠鳞片状，3枚，与内轮花被片对生。花期几全年，夏、秋季最盛。

原产南非。园博园常见栽培。

三 被子植物 Angiospermae

葱莲 *Zephyranthes candida* (Lindl.) Herb.

多年生草本；具鳞茎。叶簇生，近圆柱形，肉质，宽 2 ~ 4 mm。花茎中空，总苞片 1，下部管状，顶端 2 裂；花单朵顶生，花被漏斗状，裂片 6，白色，几无花被筒。雄蕊 6，3 长 3 短；子房下位。蒴果。花期秋季。

原产南美洲。园博园常见栽培。

95. 鸢尾科（Iridaceae）

玉蝉花 *Iris ensata* Thunb.

多年生草本。叶基生，2 列，相互套叠，中脉明显，叶宽 5 ~ 12 mm。苞片 3，近革质，每苞 2 花。花被片 6，深紫色，外花被中脉具黄色条斑，无附属物；雄蕊 3；子房下位，3 室，花柱分枝扁平花瓣状。蒴果。花期 6 ~ 7 月。

产中国东北、山东及浙江，日本、朝鲜及俄罗斯有分布。园博园水体常见栽培。栽培品种有：

花菖蒲 'Hortensis'，花单瓣或重瓣，花色、花纹因品种变化大。

蝴蝶花 *Iris japonica* Thunb.

多年生草本。叶基生，2列，相互套叠，宽 1.5 ~ 3 cm，无明显中脉。总状圆锥花序，苞片 3 ~ 5，每苞片 2 ~ 4 花；花淡蓝或蓝紫色，外花被片有黄色斑纹，中脉有黄色鸡冠状附属物。蒴果无喙。花期 3 ~ 4 月。

全国广布。缅甸及日本有分布。园博园常见栽培。

黄菖蒲 *Iris pseudacorus* L.

多年生草本。叶基生，2列，相互套叠，宽 1.5 ~ 3 cm，中脉明显。花茎上部分枝，苞片 3 ~ 4，绿色，膜质；花黄色，花被筒长约 1.5 cm，外花被有黑褐色花纹，无附属物。花期 5 ~ 6 月。

原产欧洲。园博园水体常见栽培。

三 被子植物 Angiospermae

巴西鸢尾 *Neomarica gracilis* (Herb.) Sprague

多年生草本。叶基生，2列，相互套叠；叶剑形，宽1～2 cm，具明显中脉。花茎扁平叶状，宽2～3 cm，具明显中脉；花序自佛焰苞开口一侧生出，具2～5花，苞片长1～3 cm；外花被白色，基部具棕色及黄色相间横纹；内花被蓝色，外卷，上部具白色条纹，下部具棕色横纹。

原产墨西哥及巴西。海口园有栽培。

96. 龙舌兰科（Agavaceae）

龙舌兰 *Agave americana* L.

多年生植物。茎不明显。叶莲座状，长1～2 m，宽15～20 cm，先端下弯，边缘疏生刺状小齿。圆锥花序，花被片6，黄绿色，花被管长1.2 cm；雄蕊6；子房下位，3室。蒴果。

原产热带美洲。园博园栽培的为其品种：金边龙舌兰'Marginata'，叶边缘黄色或黄白色。上海园有栽培。

大叶仙茅 *Curculigo capitulata* (Lour.) O. Kuntze

多年生草本，根茎块状。叶基生，长圆状披针形或近长圆形，长 40 ~ 90 cm，宽 5 ~ 14 cm，全缘，具折扇状脉，无毛。总状花序密集多花，呈头状，俯垂，花茎长 10 ~ 30 cm。花黄色，花被裂片 6，外轮 3 枚背面具毛，内轮 3 枚背面中脉被毛；雄蕊 6，花丝极短；子房被毛，顶端无喙。浆果白色。花期 5 ~ 6 月，果期 8 ~ 9 月。

产中国西南、华南地区及福建、台湾，东亚及东南亚有分布。园博园零星栽培。

中名索引

重庆园博园观赏植物彩色图鉴

中名索引

209

中名索引

重庆园博园观赏植物彩色图鉴

中名索引

拉丁名索引

重庆园博园观赏植物彩色图鉴

215

拉丁名索引

重庆园博园观赏植物彩色图鉴

拉丁名索引

219

拉丁名索引

拉丁名索引